应用油藏工程基础
——评估、经济学和优化

［英］ Richard Wheaton 著

曹 杰 张 楠 译

石油工业出版社

内 容 提 要

本书介绍了现代油藏工程的基础知识，从应用角度和理论角度两个方面总结了油藏工程的基本理论和方法；建立了国际油气行业领域中油藏工程师的基本知识结构和能力框架；通过对油藏数值模拟的应用方法、石油经济学相关内容、从公司运营角度出发的开发方法评价和方案制定体系等，提供了不同于国内油藏工程体系及应用的一些内容和观点。

本书可以作为石油工程领域本科生和硕士研究生的教材，也可为初级油藏工程是或者其他领域对油藏工程感兴趣的工作人员使用。

图书在版编目（CIP）数据

应用油藏工程基础：评估、经济学和优化／（英）理查德·惠顿（Richard Wheaton）著；曹杰、张楠译.—北京：石油工业出版社，2019.10
ISBN 978-7-5183-3669-2

Ⅰ. ①应… Ⅱ. ①理… ②曹… ③张… Ⅲ. ①油藏工程-研究 Ⅳ. ①TE34

中国版本图书馆 CIP 数据核字（2019）第 229512 号

Fundamentals of Applied Reservoir Engineering: Appraisal, Economics and Optimization, 1st Edition
Richard Wheaton
ISBN: 9780081010198
Copyright © 2016 Elsevier Ltd. All rights reserved.
Authorized Chinese translation published by Petroleum Industry Press.
《应用油藏工程基础——评估、经济学和优化》（曹杰 张楠译）
ISBN: 9787518336692
Copyright © Elsevier Ltd. and Petroleum Industry Press. All rights reserved.
No part of this publication may be reproduced or transmitted in any form or by any means, electronic or mechanical, including photocopying, recording, or any information storage and retrieval system, without permission in writing from Elsevier. Details on how to seek permission, further information about the Elsevier's permissions policies and arrangements with organizations such as the Copyright Clearance Center and the Copyright Licensing Agency, can be found at our website: www. elsevier. com/permissions.
This book and the individual contributions contained in it are protected under copyright by Elsevier Ltd. and Petroleum Industry Press (other than as may be noted herein).
This edition of Fundamentals of Applied Reservoir Engineering: Appraisal, Economics and Optimization, 1st Edition is published by Petroleum Industry Press under arrangement with ELSEVIER LTD.
This edition is authorized for sale in China only, excluding Hong Kong, Macau and Taiwan. Unauthorized export of this edition is a violation of the Copyright Act. Violation of this Law is subject to Civil and Criminal Penalties.
本版由 ELSEVIER LTD. 授权石油工业出版社在中国大陆地区（不包括香港、澳门以及台湾地区）出版发行。
本版仅限在中国大陆地区（不包括香港、澳门以及台湾地区）出版及标价销售。未经许可之出口，视为违反著作权法，将受民事及刑事法律之制裁。
本书封底贴有 Elsevier 防伪标签，无标签者不得销售。

> **注意**
> 本书涉及领域的知识和实践标准在不断变化。新的研究和经验拓展我们的理解，因此须对研究方法、专业实践或医疗方法作出调整。从业者和研究人员必须始终依靠自身经验和知识来评估和使用本书中提到的所有信息、方法、化合物或本书中描述的实验。在使用这些信息或方法时，他们应注意自身和他人的安全，包括注意他们负有专业责任的当事人的安全。在法律允许的最大范围内，爱思唯尔、译文的原文作者、原文编辑及原文内容提供者均不对因产品责任、疏忽或其他人身或财产伤害及/或损失承担责任，亦不对由于使用或操作文中提到的方法、产品、说明或思想而导致的人身或财产伤害及/或损失承担责任。

北京市版权局著作权合同登记号：01-2019-7043

出版发行：石油工业出版社
　　　　（北京安定门外安华里 2 区 1 号楼　100011）
　　　　网　　址：www. petropub. com
　　　　编辑部：（010）64210387　图书营销中心：（010）64523633
经　　销：全国新华书店
印　　刷：北京中石油彩色印刷有限责任公司

2019 年 10 月第 1 版　2019 年 10 月第 1 次印刷
787×1092 毫米　开本：1/16　印张：11.25
字数：290 千字

定价：88.00 元
（如发现印装质量问题，我社图书营销中心负责调换）
版权所有，翻印必究

译者前言

油藏工程是石油工程的一个重要组成部分，也是石油天然气领域的重要基础知识学科，其主要研究内容包括油藏动态和油田开发方法。随着现代计算机技术及油藏模拟方法的发展，现代油藏工程主要集中在油藏模拟应用方面。本书由理查德·惠顿（Richard Wheaton）博士编写。惠顿博士在石油和天然气行业拥有 33 年的从业经验：曾任英国 British Gas Group 高级油藏工程师、首席油藏工程师和石油总工程师，并担任集团执行官首席特别顾问；现为英国朴次茅斯大学石油工程高级讲师。这本书是作者对三十余年行业经验和科研经历的提炼，也是从实践中总结出的油藏工程师需要具备的知识和素养。

本书主要介绍了油藏工程相关的基础理论和现场应用，详细总结了作为油藏工程师所需要具备的基本知识和技能。本书主要内容包括岩石和流体基本特性、试井分析、油藏动态预测的分析方法、油藏数值模拟方法和产能预测、储量估算和驱动机制、石油经济学基础、油藏评估与开发规划、非常规资源、油气田开发管理、不确定性和矿权归属等方面。本书可以作为石油工程相关专业本科生和硕士研究生的教材，也可为初级油藏工程师或者其他领域对油藏工程感兴趣的人员使用。

本书的主要价值在于：（1）从应用角度和理论角度两个方面总结了油藏工程的基本方法；（2）构建了国际油气行业视野下油藏工程师的基本知识结构和能力框架；（3）提供了不同于国内油藏工程体系及应用的一些内容和观点，比如对油藏数值模拟的重视程度及应用方法、石油经济学相关内容、从公司运营角度出发的开发方法评价和方案制定体系等。

本书的翻译、校译工作由西安石油大学曹杰和张楠博士共同承担。感谢西安石油大学李天太教授、程国建教授、高辉教授等在本书翻译过程中给予的帮助和支持；感谢课题组研究人员在本书翻译过程中提供的建议和帮助；感谢西安石油大学优秀学术著作出版基金和科研启动基金给予的资助；感谢石油工业出版社李中、何丽萍编辑对本书编辑、出版付出的努力。

由于译者水平有限，书中难免存在错误及不当之处，恳请读者批评指正。

译者
2019 年 8 月

前　言

本书的目的是为石油工程相关专业本科学生和硕士研究生提供油藏工程方面的基础知识。本书对石油和天然气行业中其他领域且希望了解油藏工程这个重要中心主题基础知识学科的工程师也很有帮助。

现代油藏工程主要集中于计算机数值模拟方面，油藏工程师花费大量的时间来建立和运行这样的模拟模型。高效率计算机的出现意味着可以使用由数百万个网格单元组成的地质解释模型来建立油藏模型，遵守基本的物理定律（质量守恒，包括动量守恒和动力学定律），从而预测各相流体和组分的流动。这些工具对于油田规划、方案优化以及生产后的油田监测等非常实用。正因为如此，油藏工程已经取得了长足的发展，如今的油藏工程与30年前和40年前的油藏工程完全不同，过去的油藏工程很大程度上依赖于基于基本物理定律得出的方程式以及建立在众多假设条件之上的解析方法。

油藏模拟器功能强大且简单易用，但它们的使用也存在一定的风险，并且令人遗憾的是它们经常会被错误使用。在油田投入生产（甚至是评估完全）之前，构建非常庞大乃至拥有百万级网格数量的油藏模型成为工业界的一种趋势。然而这个油藏模型建立的数据基础非常有限，因此它们运算的结果几乎毫无意义。除此之外，现代油藏模拟器还配备了非常复杂的"后期处理"软件，可提供颇有吸引力且令人信服的生产图表和油藏的三维表征。这些结果在开发初期阶段对财务决策有很大的影响，而这些初期决策往往在开发后期很难改变。

油藏工程师实践的关键是能够以适当的方式使用油藏模型，进行正确的"工程判断"；并通过使用所有可行的方法（包括非常简单的数值模型）来研究目标区块；逐步认识油藏的基本动态，确定对油藏开发决策起到决定性作用的储层基本参数；当我们拥有大量的历史生产数据和其他数据后再建立大型油藏模型。本书的目的就是鼓励未来的油藏工程师使用这种思路和方法。

本书还介绍了油藏评估和开发规划的相关内容，因为这通常占油藏工程师工作的大部分工作内容。本书还介绍了一些石油经济学基础知识，因为油藏经营管理的所有决策最终都取决于经济学考量，油藏工程师应当具备这方面的必要知识。

本书也涵盖非常规资源（页岩气、页岩油、煤层气和稠油）的内容，因为它们将成为这个行业未来的主要开发对象。

本书的部分内容需要用到 Excel 表格，许多练习将通过 Excel 表格来完成。本书为学生和其他读者提供了简单易用的 Excel 表格来分析一些基本的现场数据。如此一来，复杂的数值计算现在就可以通过 Excel 表格非常有效地执行。

本书附录涵盖了诸如提高采收率、气井试井、基本流体热力学和数学运算等主题，这些主题虽然不是本书的核心内容，但可以帮助读者理解本书的主体内容。

本书的主要目的是为理解油气藏工程原理提供基础，并为培养出具有"优秀工程判断"能力的学生奠定基础。

目　　录

第1章 绪 论

油藏工程在石油工程中扮演着关键和核心的角色（图1.1）。油藏工程师将所有可用的地质数据、岩石物理数据、实验室数据、油田现场数据和试井数据等融合在一起，从而了解油藏的物理规律。因此，油藏工程师需要掌握以下方面的内容：

（1）油藏评估。

（2）开发规划和优化。

（3）生产预测。

（4）储量估算。

（5）油藏数值建模。

（6）试井测试和分析。

（7）油田管理。

为此，油藏工程师还需要了解设施情况以及经济、商业约束条件，以便提供并优化可行的经济开发计划。

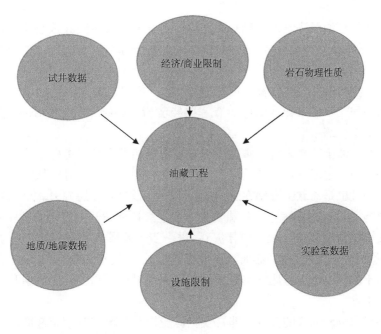

图 1.1 油藏工程的核心角色

为了有效实现油藏工程师的核心角色作用，油藏工程师首先必须了解与油藏相关的基本物理性质，包括掌握孔隙度、绝对渗透率、润湿性、毛细管压力和相对渗透率等概念。其次，需要了解流体特性，即油藏中油气类型、相态划分以及油气相随压力和温度的变化。油藏工程师还需要了解所有这些属性的测量方法，这样一来工程师可以批判性地利用他们从实验室和现场得到的数据。本书第 2 章将详细介绍上述内容。

第 3 章介绍了试井分析的主要内容。试井分析在油田生产开发之前可以针对勘探区域以外的储层和评价井远井区域的储层性质提供最佳解释。这一章将导出试井解释相关的标准方程，并对试井解释方法进行阐述。利用相关试井软件来加深使用这些试井方程解释现场测试数据的理解，同时也可用来解答本章的思考练习题。

第 4 章主要讲述在早期阶段评估油藏动态中，使用简化方程和模型的解析方法这一类重要的工具。这一章将详细讨论：主要用于自然能量开发过程的物质平衡方程方法，以及用于注水开发的 Buckley-Leverett / Welge 分析方法（分流量理论与方法）。同样，利用相关 Excel 表格可帮助理解这些内容和解答思考练习题。

第 5 章主要介绍数值模拟方法。将基本的质量平衡、动量守恒（达西方程）和热力学关系的基本方程组合起来，得到最终的扩散方程；然后在数值模型的网格单元中进行求解。本章将涵盖有限差分方法的基本理论。本章将解释所有模拟器所需的输入数据，并重点强调油藏数值模拟器的最优使用方法。最后，将讨论历史生产数据在"历史拟合"中的应用，并以此不断更新我们的油藏模型。

在了解油藏的物理特性基础上，需要研究钻井和开发油气藏过程中的油田动态。开发过程中，生产井周围的压力下降，储层流体随之向井中流动。基于储层流体的不同性质，油气田的开发将由不同形式的"驱动机制"来维持。生产状况和油气采收率将取决于该驱动机制的效率。在第 6 章中，根据各种类型油气储量估算及各种驱动机制，给出通常的采收率范围。

第 7 章讲述了石油经济学的基础知识。油气田开发的决策最终取决于经济学分析。油藏工程师需要了解用于判断特定油田开发价值的经济指标，以及如何计算和如何使用这些指标。

本书附带了相关的 Excel 表格，可通过输入生产概况、预期天然气或原油价格、贴现率、通货膨胀率和税率等参数，给出所有主要经济指标的结果。这些 Excel 表格也将用于解答各章节后的思考练习题。

在涵盖了基本油藏特性内容、掌握生产驱动机制和基本经济指标之后，就可以进行油田评价与开发规划，也就是第 8 章的内容。评价和开发计划阶段对于从资产中获取经济价值至关重要，并且也是油藏工程师在关键决策中产生影响最大的方面。早期的决策对项目的财务状况影响最大，这被称为"前端装载"效应。评估和开发规划的过程涉及：确定所研究油藏的关键敏感性参数（敏感性分析）；进一步需要哪些数据来减少不确定性和风险（信息分析的价值）；并在油藏和必要设施方面进行开发优化。提供的 Excel 表格有助于理解该过程并用于解答思考练习题。本章还将讨论用于早期预测、模拟数据和递减曲线分析等方面的技术工具。

随着煤层气和页岩油气的开发，非常规资源变得越来越重要。非常规油气的开发始于美国，现在正在全球范围内开展。第 9 章涵盖了这一主题，解释了这些油气资源的基本物理特性以及生产规律和储量的估算。在第 10 章中，将讨论油藏工程师在油气田现场管理中的作用。

除国家石油公司外，其他油气公司需要申报其持有的储备和资源，以便投资者能够对这些公司及其公司股票进行估值。在油气田开发过程中，油藏工程师的职责之一就是进行储量估算。本书的最后一章介绍了石油工程师协会（SPE）和安全与交换委员会（SEC）

关于经济可采储量和资源量计算的国际规则。其中，主要讨论估算储量的概率学方法。

附录还包括了四个方面的辅助内容：流体热力学基础、气井试井、提高采收率和相关数学注释。

了解多组分碳氢混合物的热力学规律，掌握碳氢混合物在特定压力和温度条件下划分成气相和油相的原因，以及油相、气相的体积如何随压力和温度变化，这些内容对理解储层流体特性的内容很有帮助。

本书尽量减少了涉及数学微积分的相关内容，并且尽可能解释文中方程式的具体含义。虽然这些方程式并不受某些学生的欢迎，但它们是描述油藏流体相态变化规律的基础，同时简明地表达了其背后的物理规律。为了阐明数学方程在本书和其他油藏工程资料中的重要性，给出了数学符号注释（附录 B）。

第2章　岩石和流体基本特性

2.1　基本原理

油气藏储层有4种基本类型的特性，这些特性决定了油藏初始组分及含量、流体物性和开发潜力，并从而决定了油气藏储量。

（1）油藏岩石特性，主要包括孔隙度、渗透率和可压缩性。这些性质均取决于岩石颗粒/砂粒排列和填充方式。

（2）润湿性、毛细管压力、相饱和度和相对渗透率，这些特性取决于固相和液相（水、油气）之间的界面张力。

（3）最初进入储层圈闭的碳氢化合物和所得储层流体混合物的热力学性质。

（4）油藏流体特性、各相流体的组分、不同压力下相态变化、各相流体的密度和黏度。

本章将介绍每个特性的基础知识以及各个特性的估算方法。

2.2　孔隙度

2.2.1　基础知识

多孔性是油气储层的最重要特征之一。石油或天然气（或二者同时）从烃源岩层生成，在地层水的驱动下向上运移，并最终被上覆岩层圈闭起来，防止油气的逸散。碎屑岩和碳酸盐岩储层是两种最为重要的多孔介质储层。以碎屑岩中的砂岩为例，在较长的地质演化过程中，河道中沉积的细小颗粒经过持续的沉积作用和压实作用，最终形成了碎屑岩储层（图2.1）。碳酸盐岩储层，例如由各种碳酸盐矿物组成的储层，与生物作用密切相

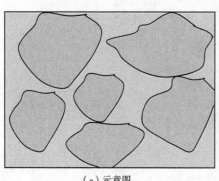

　（a）示意图　　　　　　　　　（b）砂岩实物图

图2.1　固体颗粒组成的多孔介质

关，且同样经历了较长地质时期的压实作用。通常而言，全世界有近 60%的常规油气资源储存在碎屑岩储层中，剩余 40%的油气资源则主要储存在碳酸盐岩储层中。

孔隙度，通常用字母 ϕ 表示，定义为岩石孔隙体积与岩石总体积的比值，即

$$\phi = \frac{V_p}{V_b} \tag{2.1}$$

式中：V_p 为孔隙体积；V_b 为岩石总体积（岩石颗粒+孔隙体积）。

孔隙度取决于固体颗粒的平均形状和它们被压实在一起的方式。孔隙度还将取决于岩石颗粒长时间沉积过程时形成的方式。例如，在河床（碎屑岩）上逐渐沉积的固体砂粒，或生物材料（碳酸盐）的生长和腐烂。岩石颗粒的最初排列通常随后续沉积环境的不断变化而改变，使得岩石颗粒重新排列并影响孔隙度的值（成岩作用）。

孔隙度的值通常在 5%~30%的范围内，而 15%就是一个非常典型的孔隙度值。

在油藏工程中，我们通常只对相互连通的孔隙感兴趣，连通孔隙度（也称流动孔隙度、有效孔隙度。译者注）是连通孔隙体积与岩石总体积的比值。

油气孔隙体积（HCPV）是被油气流体填充的总储层体积，它由式（2.2）给出：

$$HCPV = V_b \phi (1 - S_{wc}) \tag{2.2}$$

式中：V_b 为岩石总体积；S_{wc} 为束缚水饱和度，即束缚水所占孔隙总体积的比例。

随着油气的生产，地层压力降低，岩石颗粒倾向于更紧密地堆积在一起，因此孔隙度将随压力降低而一定程度地降低，这被称为岩石压缩性（C_r）：

$$C_r = -\frac{1}{V_p} \frac{\partial V_p}{\partial p} \tag{2.3}$$

真实岩石的孔隙度通常是非常不均匀的，这取决于岩石的岩性——即使在相当短的距离内，岩石的岩性通常也会有变化。当然，层间和层内的孔隙度同样存在明显的差异。

孔隙空间的几何形状也是变化不一的，因此，尽管两个具有相同的孔隙度的多孔介质样品，它们可能具有截然不同的流体流动阻力。后文会详细讨论这个问题。

2.2.2 孔隙度的测量

孔隙度的测量方法有两种：一种是电缆测井方法；另一种是岩心实验室测量的方法。

2.2.2.1 电缆测井

通过解释电缆测井的结果可以对孔隙度进行估算，特别是比较常用的声波测井、中子测井和伽马测井。将仪器下入井中并进行测量，然后对结果进行解释，得到储层孔隙度随深度的变化规律（图 2.2）。

2.2.2.2 孔隙度的实验室测量

孔隙度可以通过式（2.4）计算：

$$\phi = \frac{V_p}{V_b} = \frac{V_b - V_m}{V_b} \tag{2.4}$$

式中：V_p 为孔隙体积；V_m 为基质（固相颗粒）体积；V_b 为岩石总体积。我们需要上式三个值中的两个来确定孔隙度。

如果岩心是流体饱和过的规则岩心（通常为圆柱状），总体积（V_b）可以直接从岩心尺寸确定。若已知固体介质的密度和液体密度，可利用排液法测量排出液体的质量，或者直接通过测量排出液体的体积，进而计算总体积。

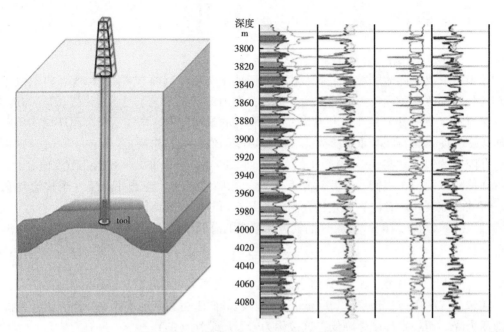

图 2.2 电缆测井——原理图和示例

基质体积（V_m）可以利用干燥样品的质量除以基质密度来计算。另一种可行的方法是压碎干燥的固体，然后通过排液法测量其体积。但用这种方法得到的最终孔隙度是总孔隙度，而不是有效孔隙度（也就不是连通孔隙度）。还可以通过气体膨胀方法进行测量：封闭室中的气体在已知压力下膨胀，从而进入与之相连且所有气体都已被抽真空的岩心室。最终平衡压力低于初始压力，通过波义耳定律可以计算得到岩心室中岩心的基质体积（图 2.3）。这种方法非常准确，特别是对于孔隙度较低的岩心。

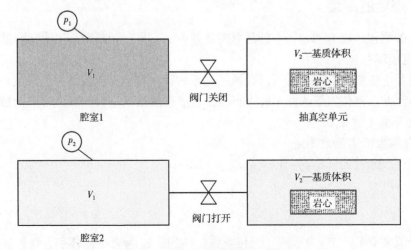

图 2.3 波义尔定律测量基质体积

上述方法主要用到波义耳定律：$p_1V_1 = p_2V_2$（假设在相对较低的压力下可忽略气体压缩因子 Z 的影响）。孔隙空间体积（即孔隙体积 V_p）也可以使用气体膨胀方法来确定。

2.2.3 孔隙度的变化

如上所述，孔隙度本质上是变化差异较大的，在储层内较小的距离上也会有差异。即使对于两个具有相同孔隙度的样品，这也不意味着它们具有相同的绝对渗透率或相同的润湿性特征；恰恰相反，它们可能具有截然不同的毛细管压力和相对渗透率。影响它们的关键因素是平均孔隙几何形状和岩石本身的极性/非极性特征。

多孔介质常见的理论模型称为"孔喉"模型，如图 2.4 所示。在该模型中，孔隙体积主要存在于"孔隙"中，而流动特性主要取决于"喉道"的平均几何尺寸。

孔隙和喉道的几何形状取决于沉积时的平均颗粒的尺寸和形状（或碳酸盐的自然增长）以及沉积环境的不断变化（沉积后的次生效应）。

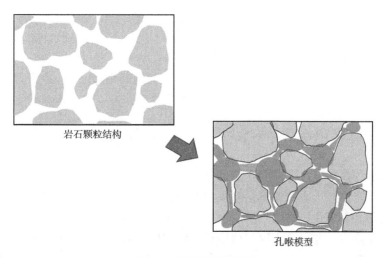

岩石颗粒结构

孔喉模型

图 2.4　孔隙和喉道模型

2.2.4 净毛比（NTG）

储层的某些区域如果孔隙度和渗流能力低于一定程度，通常被认为是非储层。因此，这些储层体积被排除在估计的储层体积之外，被视为无效的岩石储层。例如，地层的净厚度＝平均总厚度×净毛比。

2.3 渗透率

2.3.1 基础知识

渗透率是油藏工程中的一个关键参数。达西提出了流体在多孔介质中流动时流速与压力梯度和重力关系的经验公式。

在各种简化的假设基础上，可以从基本物理原理推导出达西方程，理解这一点是很有帮助的。

从基本原理出发，根据动量守恒的原则，考虑流体在多孔介质中流动的一个体积单元(V)。该体积单元从时间t到时间$t+\delta t$，位置发生了移动，同时体积可能也发生变化（图2.5）。

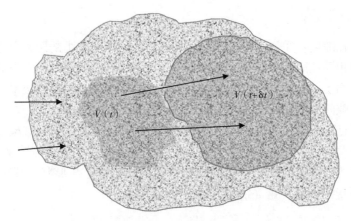

图2.5　流体体积单元

动量随时间（从t到$t+\delta t$）的变化率等于物体受到的重力+压力（摩擦力）。对于单元体积来讲，如果假设稳态流动并且忽略惯性效应（流速相对较小），则可以从动量守恒推导出方程式：

$$\nabla \overline{p}^{V} + \nabla \cdot \overline{\sigma}^{V} = \frac{1}{V_f} \int_{A_{fs}} \boldsymbol{\Psi}_s \cdot \mathrm{d}\boldsymbol{A} + \int_V \rho \boldsymbol{F} \mathrm{d}V \qquad (2.5)$$

有关该等式中某些数学运算符的解释，请参见附录B"数学符号释义"。

该方程以简洁的形式表示在单元体积内的受力平衡，主要表征单相流体在裂缝介质中的稳态阶段流动。方程左侧的第一项表示由任意压力梯度引起的力，第二项表示由于流体的黏度产生的摩擦力。方程右边第一项描述了由固体岩石基质引起的摩擦力（流动流体和岩石基质之间的摩擦力），流体与岩石基质的摩擦力远远大于流体自身内部由黏性效应引起的摩擦力。因此，我们可以忽略方程左侧的第二项，而方程右侧的第二项则代表了自身受力（即重力）。因此，获得以下关系：

$$\nabla \overline{p}^{V} = \frac{1}{V_f} \int_{A_{fs}} \boldsymbol{\Psi}_s \cdot \mathrm{d}\boldsymbol{A} + \int_V \rho \boldsymbol{F} \mathrm{d}V \qquad (2.6)$$

式（2.6）可以简化为

$$\nabla p = -\frac{\mu}{K} \boldsymbol{u} + \rho g \nabla z \qquad (2.7)$$

这里假设

$$K = K_G \overline{d}^2 \phi \qquad (2.8)$$

式中：K_G是几何形状常数；d为多孔介质的平均"特征长度"；ϕ为孔隙度。重新整理上述方程可以得到达西公式的标准形式：

$$\boldsymbol{u} = -\frac{K}{\mu}(\nabla p - \rho g \nabla z) \qquad (2.9)$$

2.3.2 渗透率的测量

2.3.2.1 实验室渗透率测定

单相流体的绝对渗透率的测量方法是通过测量岩心夹持器中的岩心在给定固定流量 Q 下夹持器两端的压力 p_1 和 p_2 来实现的（图 2.6）。

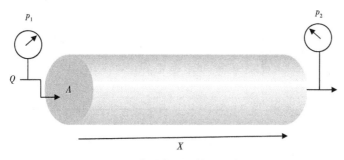

图 2.6 渗透率测量装置示意图

对于气体而言，根据达西定律，水平方向的流动方程为

$$Q = \frac{KA(p_1 - p_2)}{2\mu x} \tag{2.10}$$

对于不可压缩流体，水平方向的流动方程为

$$Q = \frac{KA(p_1 - p_2)}{\mu x} \tag{2.11}$$

式中：Q 为体积流量，cm^3/s；A 为面积，cm^2；μ 为气体或液体的黏度，$mPa \cdot s$；p 为压力，atm；x 为岩心长度，cm。这样就可以计算达西公式中渗透率 K（单位：D）的值。

2.3.2.2 试井分析中的渗透率

对于以恒定流量 Q 开采的生产过程，通过上述公式可以估算油藏的渗透率，其中需要已知的参数包括平均地层厚度 h、流体黏度 μ、井底压力 p_w、假设未受到边界影响下（仍在初始条件下）距离 r_e 的初始油藏压力 p_e 和井筒半径 r_w。具体内容将在第 8 章中进一步讨论。计算公式为

$$Q = \frac{2\pi Kh(p_e - p_w)}{\mu \ln \left(\dfrac{r_e}{r_w} \right)} \tag{2.12}$$

式中参数的单位与前文相同；参见图 2.7（a）。

2.3.2.3 油田现场单位制下的达西定律

在油田现场单位制中，达西方程表示为

$$u = -1.127 \times 10^{-3} \frac{K}{\mu} \left(\frac{\mathrm{d}p}{\mathrm{d}x} + 0.4335 \gamma \sin\alpha \right) \tag{2.13}$$

式中：K 为渗透率，mD；u 的单位为 bbl/(d·ft^2)；$\dfrac{\mathrm{d}p}{\mathrm{d}x}$ 的单位为 psi/ft；μ 的单位为 mPa·s；γ 为重力系数；参见图 2.7（b）。

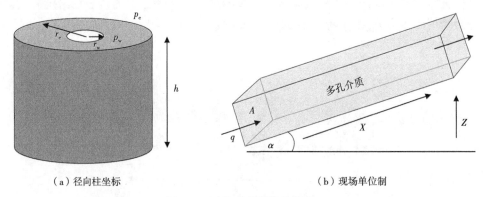

（a）径向柱坐标　　　　　　　　　　（b）现场单位制

图 2.7　测量渗透率的示意图

2.3.3　储层渗透率的变化

根据岩石多孔介质的性质，从岩心测量的渗透率显然是地层中的局部值；但如上所述，渗透率的值取决于沉积作用和随后的次生效应，因此渗透率在储层中是连续变化的。储层可以分为不同的"流动单元"，流动单元值具有共同的渗透率、孔隙度和润湿性（进而包括流动）特征的区域。根据前面讨论可知

$$K = K_{\mathrm{G}} \bar{d}^2 \phi \tag{2.14}$$

每个流动单元的渗透率将取决于该单元中孔喉的平均特征长度（d）、几何常数（K_{G}）和孔隙度（ϕ）。

特征长度 d 由速度梯度在固体表面处的剪切应力变化关系引起。因此，它表示通道中心速度点和静止岩石表面之间的平均距离，即岩心孔喉的平均流动通道的半径。

几何常数 K_{G} 具有两个组成部分，两者都与流体流过的通道的"平均"几何形状有关。第一部分是由流体中平均剪切应力引起的，很大程度上依赖于平均喉道直径：平均喉道直径越小，剪切应力越大，该部分的影响越大。第二部分来自体积和表面积之间的平均关系，尤其是孔隙（球形）体积与通道（圆柱形）体积的比值。

这里简化过程所作出的假设是：对于单相流动，不同岩石类型的流动"通道"几何形状与岩石孔隙度本质上无关。

如果假设有一系列具有共同几何特征的液体流动单元系统，并且对于不同孔隙度流动单元 $K_{\mathrm{G}} \cdot d^2$ 是一个常数，那么将得到一系列渗透率与孔隙度的关系曲线，如图 2.8 所示。上述结果与大多数实验孔隙度和渗透率的测量数据是基本一致的。

在油藏模拟中，必须对油藏中流动单元的分布进行假设。试井数据的分析结果可以提供关于远井储层区域渗透率分布的重要的信息。

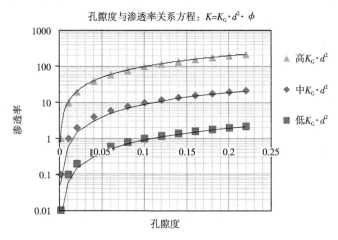

图 2.8　孔隙度与渗透率关系曲线

2.3.4　纵向和横向渗透率

通常（但并非总是）假设水平渗透率在每个方向上是相同的；但是垂向渗透率（特别是在碎屑岩中）一般远远小于横向渗透率。主要原因是沉积物一般分选性差、棱角多、形状不规则。典型的垂向与横向渗透率比值（K_v/K_h）为 0.01~0.1。

2.4　润湿性

2.4.1　基础知识

当两相非混相流体与固体表面接触时，其中一相流体倾向于更多地扩散或黏附在固体表面上。这是流体与固体表面之间的分子力和界面能平衡导致的结果。如图 2.9 中，所有受力向量在油—水—固体接触点处平衡，得到如下关系：

$$\sigma_{os} - \sigma_{ws} = \sigma_{ow}\cos\theta_c \qquad (2.15)$$

式中：σ_{os} 为油与固体之间的界面张力；σ_{ws} 为水与固体之间的界面张力；σ_{ow} 为油与水之间的界面张力；θ_c 为通过水测量的接触点处油和水之间的接触角。

润湿性是控制岩石孔道中油水分布的主要因素。在水湿体系中，油往往会聚集在孔隙的中间；而在油湿系统中，油相将聚集在固体颗粒表面（图 2.10）。因此，不同润湿性会对水驱采油产生根本性影

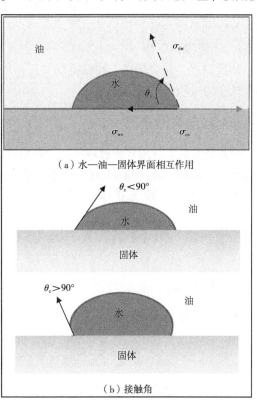

图 2.9　油气藏储层润湿性

当 θ_c <90°时，该体系被称为"水湿"，水相更倾向于在固体表面上扩散；并且在 θ_c >90°的情况下，该体系被称为"油湿"，油相更倾向于在固体表面上扩散

响。许多多孔介质在接触角接近 90°时具有中性润湿。也存在介于水湿和油湿体系中间范围的体系，即"混合"润湿性。相比于水相和油相，气相通常都是非润湿相。

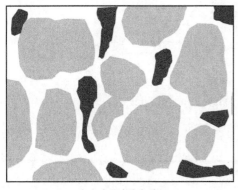 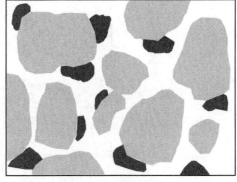

（a）水湿多孔介质　　　　　　　　　　　　（b）油湿多孔介质

图 2.10　水湿和油湿的多孔介质

2.4.1.1　滞后现象

多孔介质岩石的流体饱和历史（占据孔隙空间的水—油或气体的历史顺序）将对其润湿性产生强烈的影响，这就是所谓的"滞后现象"。润湿性是测定毛细管压力和相对渗透率的基础（具体内容后续讨论）。

2.4.1.2　渗吸和驱替

渗吸过程是润湿相进入孔隙空间并逐渐增加的过程，而驱替过程则是孔隙中的润湿相逐渐减少的过程。

2.4.2　润湿性的测量

测量油藏润湿性的方法有多种。岩心测试中包括了渗吸和离心毛细管压力测量。阿莫特自吸试验（Amott imbibition test）通过比较油和水的自发渗析量和驱替产生的饱和度变化来判断油水润湿性。稍后还将讨论如何根据毛细管压力和相对渗透率测量值判断岩石润湿性。

2.5　饱和度和毛细管压力

2.5.1　饱和度

饱和度是给定某相流体所占据的相互连接的孔隙体积的比例，对于天然气—油—水系统，有

$$S_w + S_o + S_g = 1 \tag{2.16}$$

式中：S_w 为水相饱和度；S_o 为油相饱和度；S_g 为气相饱和度。

2.5.2　毛细管压力

毛细管压力是两相非混相流体在界面两侧存在的平均压差，因此对于油水系统而言，有

$$p_{cow} = p_o - p_w \tag{2.17}$$

毛细管压力的大小取决于水/油/岩石的平均接触角（θ）和平均孔隙空间半径（r）。因此，毛细管压力是平均润湿性和平均孔隙半径的函数（图2.11）。

以孔隙空间为例，润湿相与非润湿相之间的毛细管压力为

$$p_{\text{cow}} = 2K_{\text{G}}\sigma_{\text{nw}}\cos\theta/r_{\text{w}} \quad (2.18)$$

式中：p_{cow} 为油水系统的毛细管压力；K_{G}是几何常数，取决于孔隙空间的平均几何形状；σ_{nw} 为油—水界面张力；r_{w} 为润湿相占据孔隙的平均半径。

上述润湿相半径 r_{w} 是润湿相饱和度

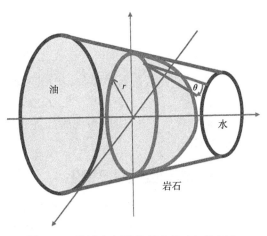

图2.11 孔隙空间样品部分的毛细管压力

的函数。润湿相饱和度越小，它越容易集中在更小的孔隙中，从而 r_{w} 也越小，毛细管压力因此将越大。两相流体之间的界面张力越小，毛细管压力就越小。

驱替过程（润湿相减少的阶段）的毛细管压力曲线如图2.12（b）所示。p_{b} 是阈压值，是非润湿相进入岩心的最小压力。随着润湿相饱和度降低，毛细管压力逐渐增加。

$$p_{\text{cap}} = 2K_{\text{G}}\sigma\cos\theta/r_{\text{w}} \quad (2.19)$$

并且可以证明

$$K \propto \bar{r}^2\phi = K_G^*\bar{r}^2\phi$$

式中：p_{cap} 是泛指的毛细管压力；K_G^* 是另一个地质常数。因此

$$\bar{r} \propto \sqrt{K/\phi} \quad (2.20)$$

以及

$$r_{\text{w}} \propto \bar{r}(S_{\text{w}}^N)^{\text{an}} \quad (2.21)$$

所以有

$$p_{\text{cap}} = \frac{K_G^*\sigma\cos\theta}{\sqrt{\dfrac{K}{\phi}}(S_{\text{w}}^N)^{\text{aw}}} \quad (2.22)$$

将Leverett的J函数（无量纲的毛细管压力）定义为

$$J(S_{\text{w}}) = \frac{p_{\text{cap}}}{\sigma\cos\theta}\sqrt{\frac{K}{\phi}} = \frac{K_G^*}{(S_{\text{w}}^N)^{\text{aw}}}$$
$$(2.23)$$

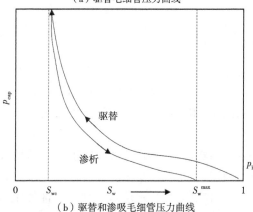

（a）驱替毛细管压力曲线

（b）驱替和渗吸毛细管压力曲线

图2.12 毛细管压力与饱和度的关系曲线

13

其中

$$S_w^N = \frac{S_w - S_{wc}}{1 - S_{wc} - S_{or}}$$

Leveretts 的 J 函数是通过驱替实验的实验室测量得到的。J 函数已被用于表征岩石类型，但使用难度大，且未必可靠。图 2.12 显示了驱替和渗吸曲线实验结果的比较。

油/水毛细管压力比油/气毛细管压力更重要。油/气毛细管压力一般非常小，因此通常可以忽略不计。

2.5.3　油藏饱和度随深度变化

毛细管压力的重要性体现在它对储层中各相流体分布的影响。

对于流相 k，油藏压力随深度 (z) 的增加而增加，且油藏压力值取决于所含流体的密度：

$$\frac{\mathrm{d}p_k}{\mathrm{d}z} = \rho_k g \qquad (2.24)$$

并且由于

$$p_o - p_w = p_{cow}$$

$$\frac{\mathrm{d}p_{cow}}{\mathrm{d}z} = -(\rho_o - \rho_w)g \qquad (2.25)$$

所以

$$\frac{\Delta p_{cow}}{\Delta z} = -(\rho_o - \rho_w)g \qquad (2.26)$$

如果 Δz 为过渡区宽度，那么

$$\Delta p_{cow} = p_{cow}(S_o = 1 - S_{wc}) - p_{cow}(S_o = 0)$$

但是因为

$$p_{cow}(S_o = 0) = 0$$

所以

$$\Delta z = -\frac{p_{cow}(S_o = 1 - S_{wc})}{(\rho_o - \rho_w)g} \qquad (2.27)$$

高渗透率或大接触角（接近 90°）会导致毛细管压力较小，因此在这种情况下的过渡区较小。低渗透率或小接触角系统（具有大的毛细管压力）会产生较宽的过渡区域。

图 2.13 所示为油藏的油相、水相压力随深度的变化和油/水毛细管压力作为含水饱和度的函数。

从地质学而言，油藏最初被地层水充满（$S_w = 100\%$）。油相（密度低于水）从低处向上运移，并逐渐驱替地层水，即驱替过程（图 2.14）。

由图 2.13 中可以看到存在自由水面（FWL），其定义为含水层水压梯度和油气压力梯度相交的深度；油水接触面（HWC）的定义为不可流动油气的最高深度，但可能存在不连续油气；最高产水深度（HPW），即在此深度之上地层水不可流动。

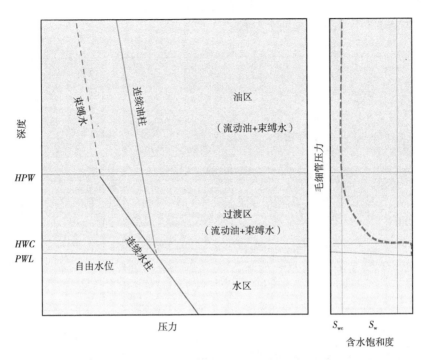

图 2.13　储层压力和饱和度随深度的变化（油水系统）

HPW—最高产水深度；*HWC*—油水接触面；*FWL*—自由水面

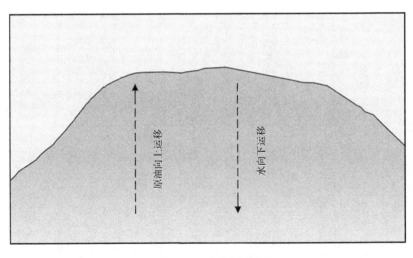

图 2.14　油进入油藏

　　过渡区的深度取决于毛细管压力曲线的特性；过渡区深度还取决于岩石中孔隙空间大小的分布。具有较大且连通性好孔隙的高渗透岩心通常具有较平的毛细管压力曲线以及相应的较窄过渡区，如图 2.15 所示，这跟图 2.13 的情况形成对比。

　　在实际情况中，过渡带分布总是比上述描述更加复杂。我们会遇到不同的岩石类型或岩石单元（参见润湿性一节讨论内容），每个单元都有各自的毛细管压力特征。不仅如此，在分层油藏中常常会遇到底水层，这主要由油水赋存历史所决定。

15

如上所述，毛细管压力取决于渗透率和接触角（图 2.16），因此油水过渡区的厚度也主要取决于渗透率和油水接触角两个参数。

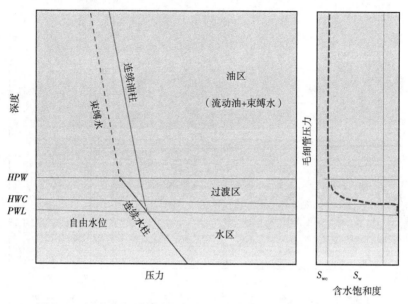

图 2.15　压力和饱和度随深度变化的毛细管压力曲线（窄过渡带）

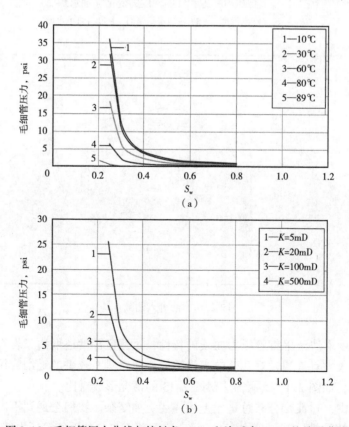

图 2.16　毛细管压力曲线与接触角（a）和渗透率（b）的关系曲线

含气顶油藏的压力深度关系曲线如图 2.17 所示，图中包含油气接触面和油水接触面深度。油气过渡带通常很窄，可以忽略不计。

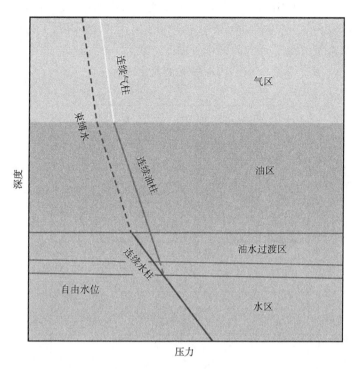

图 2.17　压力随深度的变化（气—油—水系统）

2.6　相对渗透率

2.6.1　基础知识

当有两种以上的流体同时通过多孔介质时，每种流体都有各自的有效渗透率，其大小取决于每种流体的饱和度，有

$$K_e = KK_r \tag{2.28}$$

式中：K_e 为有效渗透率；K 为绝对渗透率；K_r 为相对渗透率。

因此，达西定律就变成

$$u_\alpha = -\frac{KK_{r\alpha}}{\mu_\alpha}\left(\frac{\mathrm{d}p}{\mathrm{d}x} + \rho_\alpha g \frac{\mathrm{d}z}{\mathrm{d}x}\right) \tag{2.29}$$

对于流相 α 而言，$K_{r\alpha} = f(S_\alpha)$。

相对渗透率是油藏工程中非常重要的参数，但遗憾的是，它在实验室中测量非常困难，从而很难准确表征油藏中的多相渗流规律。

2.6.2　油水系统

首先来看一个油水两相系统的相对渗透率，如图 2.18（a）所示为一个典型的油水相对渗透率曲线。

在束缚（或原生）水饱和度（S_{wc}）时，油相相对渗透率达到最大值（$K_{ro\,max}$）。随着含水饱和度的增加，油相相对渗透率降低，水相相对渗透率增大，直至水相不能再驱替油相，此时油相饱和度为 S_{or}（束缚油、残余油饱和度）且水饱和度为 $S_w = 1 - S_{or}$。此时水的相对渗透率达到最大值（$k_{rw\,max}$）。该区域外由 $S_w = S_{wc}$ 到 $S_w = 1 - S_{or}$ 的虚线之外的区域在实际油藏中并不存在，但可以与一些室内实验相对应。

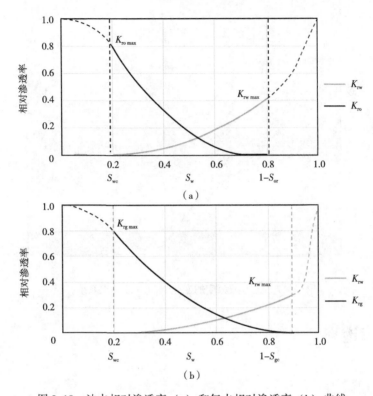

图 2.18　油水相对渗透率（a）和气水相对渗透率（b）曲线

在生产过程中，油藏通常的情况是发生渗吸过程，因为地层水或注入水驱替原油，将其驱向生产井。然而，由于油藏的非均质性特征，在某些地区也会发生有限的驱替过程。同时会存在滞后效应，但对于单纯油水系统而言这是相对较小的。

油水相对渗透率曲线的交点往往反映了多孔介质油水润湿性特征。当相对渗透率曲线交点在 $S_w < 0.5$ 范围内时，可以认为这是一个油湿系统。当交点在 $S_w > 0.5$ 的范围内时，通常被认为这是水湿系统（图 2.19）。

2.6.3　气水系统

在气水系统中气相为非润湿相，因此气水相对渗透率曲线将与油水相对渗透率曲线类似〔图 2.18（b）〕，不同的是将油相换成气相。在饱和度 S_{wc} 处，得到气体最大相对渗透率为 $K_{rg\,max}$；在残余气饱和度 S_{gc} 处，即气相最小相对渗透率下，得到水相最大相对渗透率为 $K_{rw\,max}$。

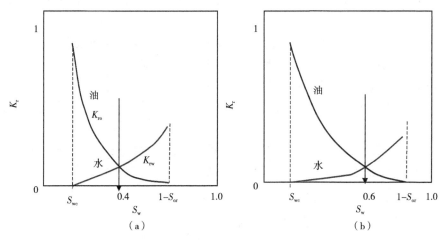

图 2.19 油湿系统（a）和水湿系统（b）

2.6.4 油气相对渗透率

在油气两相情况下，油是润湿相，气体是非润湿相［图 2.20（a）］。实验通常存在两种情况：在束缚水状态下测量油气相对渗透率和在残余气饱和度下测量油水相对渗透率［图 2.20（b）］。

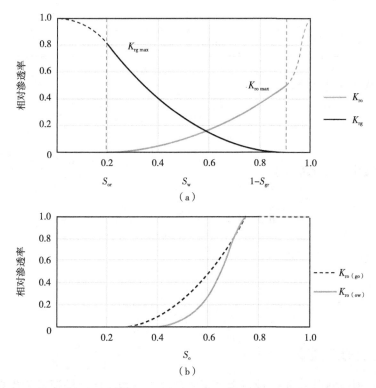

图 2.20 油气相对渗透率（a）和束缚水饱和度下的气油体系和残余气饱和度下的油水体系（b）

19

在 $S_o = S_{or}$（残余油饱和度）下，最大气相相对渗透率为 $K_{rg\,max}$，而在束缚气体饱和度 S_{gc} 下，最大油相对渗透率为 $K_{ro\,max}$。

对于油气相对渗透率，油气的摩尔组分将影响两相之间的界面张力，这改变了 S_{or} 和 S_{gc} 的值以及曲线的形状。随着油气界面张力降低，直至界面张力减小至零的极限状态，残余油饱和度和气体饱和度随之降至零（因为这时两相流体无法区分，即达到混相）。在混相状态下将气体注入至原油中将引起原油和天然气的成分发生变化，从而降低 S_{or} 和 S_{gc} 的值。

受饱和过程历史顺序的影响，不管是润湿相的驱替还是渗吸过程，通常存在显著的滞后效应。这些内容在本书中没有提到，有兴趣的读者可参阅本章末尾的"拓展阅读"书目。

2.6.5 两相相对渗透率的半经验方程

相对渗透率是实验室测量的参数（表 2.1），但在尚未得到这些测量数据的情况下，本节要讨论的半经验方程对研究目标储层，并提高对相对渗透率变化对储层储量和产量影响的理解来说是十分有用的。这些都可在 Excel 软件中使用。

表 2.1 相对渗透率参数值范围

范围	$K_{ro\,max}$	$K_{rw\,max}$	$K_{rg\,max}$	S_{wc}	S_{or}	S_{gc}	n_o	n_w	n_g
最大	0.90	0.60	0.2	0.3	0.4	0.10	3.0	5.0	1.5
最小	0.80	0.30	0.6	0.1	0.2	0.20	2.0	2.0	2.5
平均	0.85	0.45	0.4	0.2	0.3	0.15	2.5	3.0	2.0

油相对渗透率（油水系统）：

$$K_{ro} = K_{ro\,max} \left(\frac{1 - S_{wc} - S_{or}}{1 - S_{wc} - S_{or}} \right)^{n_o}$$

水相对渗透率（油水系统）：

$$K_{rw} = K_{rw\,max} \left(\frac{S_w - S_{wc}}{1 - S_{wc} - S_{or}} \right)^{n_w}$$

气相对渗透率（水气系统）：

$$K_{rg} = K_{rg\,max} \left(\frac{S_g - S_{gc}}{1 - S_{wc} - S_{gc}} \right)^{n_g}$$

2.6.6 三相相对渗透率

三相流体的相对渗透率是一种更为复杂的情况，三相流体流动通常发生在如下情况的油藏中：当油藏压力低于泡点压力时，溶解于原油的气体释放出来；或者当油田存在气顶且气体侵入油藏的情况下；或者在油—水系统中存在注入气体的情况下。在凝析气藏中，当压力低于露点压力时，凝析气系统中也会发生三相流体流动的情况。

三相流体的系统更加困难和复杂，这不仅仅因为有油、气、水三相共同存在于多孔介质的孔隙体积中，还因为岩石孔隙的饱和历史（流体进入孔隙体积的先后顺序）对于确定每相流体的相对渗透率是非常关键的。

多个理论模型曾提出将三相相对渗透率模型建立在两相相对渗透率模型基础上，并将第三相流体作为残余相进行关联。三相相对渗透率和两相相对渗透率的关系可用三角饱和度相图来表示 [图2.21（a）]。图中的实线双向箭头表示前面讨论的两相相对渗透率（无气的油、水两相，和无油的气、水两相）。通常测量的三相相对渗透率（含残余气体的油、水两相，和含束缚水的油、气两相）用虚线箭头表示。因此，三相系统中的油相相对渗透率可以表示为如图2.21（b）所示。

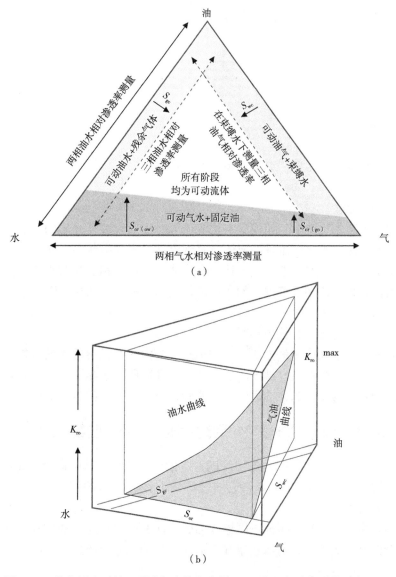

图2.21 给定压力下的三元油气水饱和度图（a）和三相油相对渗透率（b）

有多个关系方程可以用来将油相相对渗透率添入油、水两相+残余气体，和气、油两相+原生水系统的三相流动体系，表示油气水三相相对渗透率关系（图 2.21 中的虚线箭头）。其中一个该类关系方程的例子如下：

$$K_{ro} = \frac{S_o^N K_{ro}(S_o, S_{wc}) \cdot K_{ro}(S_{gr}, S_o)}{K_{ro\,max} \cdot (1 - S_g^N)(1 - S_w^N)} \tag{2.30}$$

其中 S_o^N、S_g^N 和 S_w^N 是标准化的油、气和水相饱和度。

下面给出两种油相相对渗透率关系（含有原生水的油、气，以及含有残余气体的油、水）的经验公式。结果如图 2.22 的例子所示。

$$K_{ro}(S_o, S_{wc}) = K_{ro\,max} \left(\frac{1 - S_g - S_{wc} - S_{oc}}{1 - S_{wc} - S_{oc} - S_{gc}} \right)^{n_{o(go)}} \tag{2.31}$$

$$K_{ro}(S_o, S_{gc}) = K_{ro\,max} \left(\frac{1 - S_{wc} - S_{gc} - S_{oc}}{1 - S_{wc} - S_{oc} - S_{gc}} \right)^{n_{o(ow)}} \tag{2.32}$$

2.6.7 相对渗透率的测量

在实验室通常有两种测量相对渗透率的方法：

（1）稳态方法。

（2）非稳态方法。

在稳态测量方法中主要将两相或更多相流体同时注入至多孔介质的岩心中。各相流量的比例固定，不断注入等比例流量的流体，直到流动达到平衡状态，使岩心入口和出口端的压降趋于稳定。得到的实验数据代入达西定律从而计算各相的相对渗透率。改变各相流量比值，从而得到整个饱和度范围内的所有流体不同饱和度下的相对渗透率。

稳态方法的优点是可以很容易地解释实验结果数据。然而，实验过程非常耗时，因为单个实验的稳定状态可能需要数个小时才能实现。

非稳态方法是一种间接测量方法，在非稳态实验中，相对渗透率通过简单的驱替测试的结果来确定。注入流体在出口端突破后，获得不同阶段的各相流体的流量数据，从而测得两相流动的相对渗透率。非稳态方法具有实验快速的优点，但数据解释相对更加困难。

2.6.8 用 Excel 生成相对渗透率和毛细管压力的经验曲线

本书提供名为"相对渗透率和毛细管压力"的电子表格，其中包含上面讨论的半经验方程，它们可用于生成相对渗透率和毛细管压力曲线。表格的使用示例如图 2.22 所示（单元格中为所需的输入参数）。

利用上述表格可以计算和研究不同输入参数对两相油水相对渗透率和气水相对渗透率曲线，以及含残余气的油水相对渗透率和含束缚水的油气相对渗透率的影响。

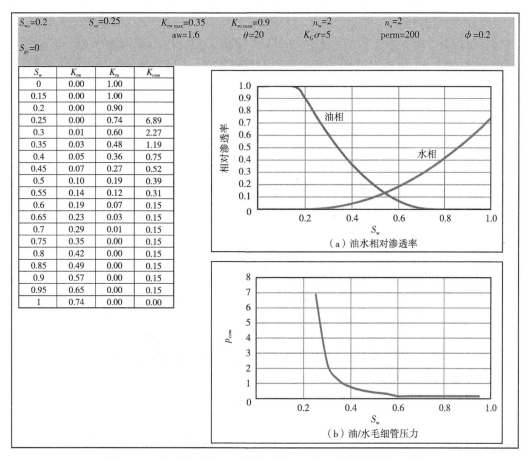

| S_{wc}=0.2 | S_{or}=0.25 | $K_{rw\,max}$=0.35 | $K_{ro\,max}$=0.9 | n_w=2 | n_o=2 | |
| S_{gc}=0 | | aw=1.6 | θ=20 | $K_C\sigma$=5 | perm=200 | ϕ=0.2 |

S_w	K_{rw}	K_{ro}	K_{cow}
0	0.00	1.00	
0.15	0.00	1.00	
0.2	0.00	0.90	
0.25	0.00	0.74	6.89
0.3	0.01	0.60	2.27
0.35	0.03	0.48	1.19
0.4	0.05	0.36	0.75
0.45	0.07	0.27	0.52
0.5	0.10	0.19	0.39
0.55	0.14	0.12	0.31
0.6	0.19	0.07	0.15
0.65	0.23	0.03	0.15
0.7	0.29	0.01	0.15
0.75	0.35	0.00	0.15
0.8	0.42	0.00	0.15
0.85	0.49	0.00	0.15
0.9	0.57	0.00	0.15
0.95	0.65	0.00	0.15
1	0.74	0.00	0.00

图 2.22　相对渗透率和毛细管压力 Excel 电子表格的使用示例

2.7　储层流体

2.7.1　基础知识

储层流体是由数百种碳氢组分和许多非烃组分（称为惰性物质）组成的复杂混合物。在油藏工程中主要考虑内容：

（1）碳氢混合物的相态特征；

（2）不同流体类型的油藏动态及其所适合的开发方式；

（3）油藏流体的实验室研究。

储层流体为含有烃类和惰性物质的混合物。烃类为 C_1—C_n，其中 $n>200$。混合物中主要的惰性气体是二氧化碳（CO_2）、氮气（N_2）和硫化氢（H_2S）。

烃类化合物在烃源岩中，主要由高温高压下有机物质的分解产生，然后向上运移并最终被上覆岩层圈闭起来。运移过程中烃类化合物进入可渗透的岩石中，替代初始存在的地层水（图 2.23）。

任一特定组分的混合物流体性质取决于油藏的温度和压力。

地层生成的烃类混合物的性质取决于存在的原始生物材料、烃源岩的温度以及地层压力、温度和形成的时间。

运移过程通常存在多个阶段，不同来源的烃类化合物在储层圈闭中混合。在储层中，最终会生成单相（不饱和）或两相（饱和）的流体系统。

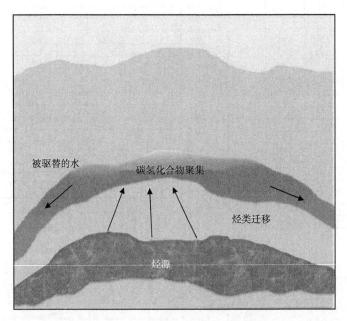

图 2.23　油气在储层中的运移和聚集

2.7.1.1　烃类化合物

图 2.24 给出了一些常见的碳氢化合物的例子。甲烷、乙烷和丙烷总是以不同的比例存在（主要为气体形态）；混合物中通常也存在正丁烷、异丁烷和戊烷。C_{6+}（高达 C_{200} 或更高）将在油相流体中占主要部分。

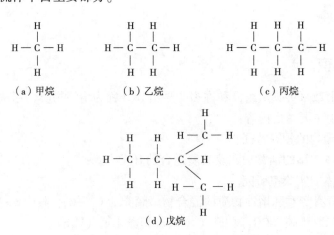

图 2.24　一些常见的储层烃类组分

2.7.1.2　惰性组分

二氧化碳和硫化氢是石油工程师遇到的一个难题——它们在水中溶解形成酸性溶液，

24

这些溶液对金属管道和井筒管具有腐蚀性。除去这些气体也需要一定的成本，在存在 H2S 的某些情况下，处理其中的硫组分也是一个难题。

2.7.1.3 油藏流体的类型

根据流体性质可将油藏划分为 5 种类型：

（1）干气气藏；

（2）湿气油藏；

（3）凝析气藏；

（4）挥发油藏；

（5）重（稠）油油藏。

油藏中流体的类型取决于总烃类混合物组成及油藏的压力和温度。

这些油藏流体类型的一些典型特性见表 2.2。对于干气气藏，甲烷（C_1）摩尔分数通常高于 90%；对于重（稠）油，甲烷（C_1）摩尔分数低于 60%。C_5 及以上组分含量在干燥气体中可忽略不计，但在重油中可超过 30%。API 重度（美国石油协会）是密度的一种度量单位（$°API = 141.5/\gamma_{60} - 131.5$，它将密度与 60℉时相对于水的相对密度联系起来）。气油比（GOR）指的是在压力为 1atm 和温度为 60℉状态下的气体含量。

从油藏条件到地面大气条件下的所有压力和温度状态，都可能出现在井筒、地面管道和分离器之间（图 2.25），而油藏工程师需要考虑这个范围内所有可能遇到的温度和压力状态。

表 2.2 储层流体性质的范围

参数		干气	湿气	凝析气	挥发油	黑油
组分摩尔分数	C_1	>0.9	0.75~0.90	0.70~0.75	0.60~0.65	<0.60
	$C_2—C_4$	0.09	0.10	0.15	0.19	0.11
	C_{5+}	—	—	0.1	0.15~0.20	>0.30
API 重度，°API		—	<50	50~75	40~50	<40
气油比，ft^3/bbl		—	>10000	8000~10000	3000~6000	<3000

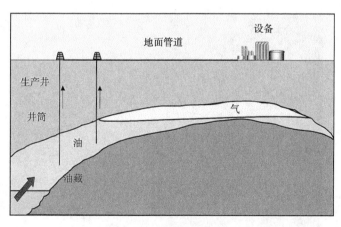

图 2.25 流体特性参照点

25

油藏温度取决于埋藏深度和区域或局部的地热梯度。油藏的深度通常在 1500ft（约457m）到 13000ft（33962m），地热梯度的典型值为 0.016℉/ft，因此，比如 5000ft 的油藏温度可能为 80℉，温度在 50～120℉ 是常见的状态。

通常会遇到具有约 0.433psi/ft 的静水压力梯度，这大致对应 600～6000psi 的油藏压力。然而，流体静水压力梯度可能远远大于此，储层压力超过 7000psi 也是常见的。

各种储层流体类型典型的各组分的摩尔含量如图 2.26 所示。油藏中含有不同类型流体的状态随压力和温度而变化，确定油藏流体状态的两个参数：

（1）油相和气相分馏，以及各相的组分含量。

（2）油相、气相体积作为压力和温度的函数。

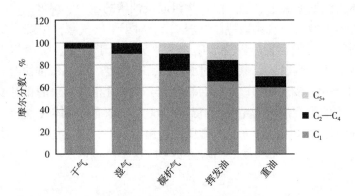

图 2.26　储层流体成分的范围

这些参数首先取决于热力学规律，如在何种状态下自由能达到最低？其次取决于分子间力。这些因素的详细研究在本书附录 A 中给出，下面将主要介绍研究流体行为得到的结果。

2.7.2　气相和油相的关系——单组分系统

在单组分体系中，该组分在任何温度和压力下都以单相存在，如图 2.27 所示。低于临界点时（即在临界压力和温度以下），存在一个压力—温度区间，越过这个区间边界线

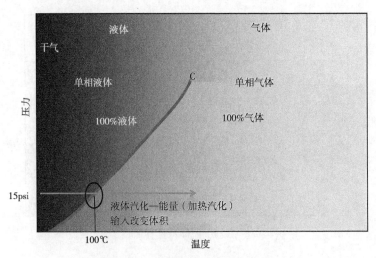

图 2.27　单组分压力与温度关系

26

时，该组分相态从液体转变为气体，或从气体转变为液体。以水作为例子，其中在15psi
的压力和100℃的温度下水沸腾，并且当继续提供热能时，液态水被转化为蒸汽。在沸腾
时，水的温度将保持恒定在100℃不变，直到所有的水都蒸发为气相。

2.7.3 多组分系统中的相平衡

在多组分系统中，例如在油气藏中出现的系统，流体的相图如图2.28所示。不同于
单相组分的气体和液体之间存在一条分界线，多相组分系统存在一个两相区域，该区域内
不同比例的气相和油相共存。

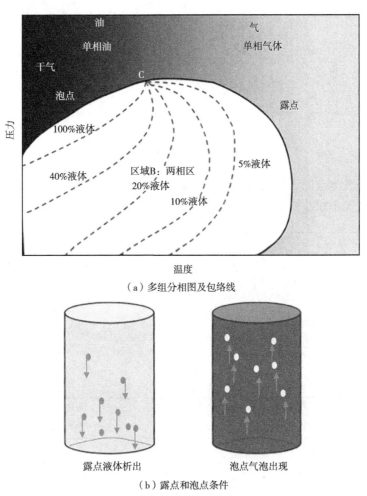

（a）多组分相图及包络线

露点液体析出　　　　　　泡点气泡出现

（b）露点和泡点条件

图2.28　多组分系统中流体相图

图2.28中虚线代表特定混合组分的压力和温度（PT相图）两相包络线。在区域A的
温度和压力状态下，混合物呈现单相。在临界点（C点）的右侧，混合物呈现气相，因此
如果压力降低直至越过露点线，会有第一滴液体析出；在临界点C左侧为油相，随压力下
降至泡点压力时第一个气泡出现。但是在区域B，混合物无法作为单相存在，而是会自发
地分成气液两相体系（参见附录B：数学符号释义）。液相组分的百分比由该两相区域内
的虚线表示。可以发现，如果温度保持恒定并且压力不断降低，则液相组分的含量（可能

27

会）先增加，并最终降低。

回顾前面讨论的不同油藏流体类型，它们对应的两相相图的形状将遵循图 2.29 所示的形式。

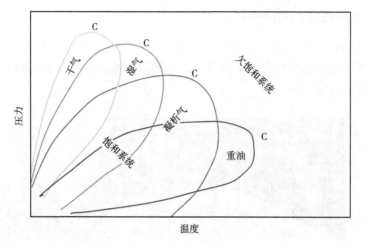

图 2.29　不同流体类型的相包络线比较

了解不同油藏类型的流体状态很重要。在油藏中和油藏与地表之间，流体状态都随温度和压力的变化而不断改变。不同类型油藏的流体状态变化如图 2.30 所示，浅色箭头表

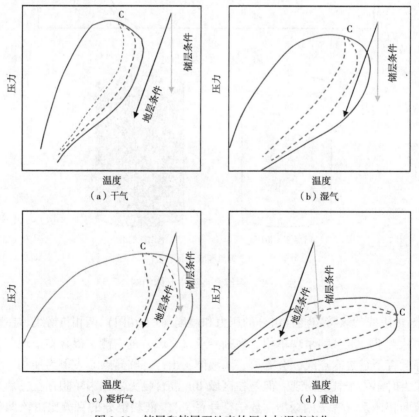

图 2.30　储层和储层至地表的压力与温度变化

示压力不断降低（生产过程）而温度恒定（通常温度在油藏内部保持不变），而深色箭头表示流体从油藏到地面条件时压力和温度均不断下降的过程。

对于干气气藏而言，气藏在储层和井筒以及地面的状态下均处于单一气相区域。对于湿气气藏，在油藏状态下的流体为单一气相（因此没有液体析出）；但从油藏到地面之间由于温度降低，可能在井筒、输运管道或地面分离器中发生液体析出的现象。

对于天然气凝析气藏而言，从露点以上区域开始研究，随着压力的降低，在油藏中产生液相析出，因此在井筒、地面管道或地面分离设备中出现气液两相共存。

对于油藏而言，当压力和温度低于泡点状态时，无论是在储层还是在井筒中，都可能会产生气体。

另一种表示——双拟组分压力组分图。

上述 PT 相图是压力、体积、温度（PVT）特性的标准表示，但通常具有误导性，特别是对于油藏而言。在实际油藏情况下，温度通常在一定程度上是恒定的。而且必须注意，上述 PT 相图只是针对固定组分的烃类混合物。

在油藏开发过程中，当压力低于露点或泡点压力时，气相和油相以不同的速度移动。因此，当气体被采出时，油藏混合物组分会发生变化，至少在近井周围会出现这种变化。双拟组分的压力组分相图虽然是实际体系的粗略简化，但对于某些用途来说它更好用。因此，假设只用两种拟组分来表示真正的油藏流体混合物：C_1—C_4 组分和 C_{5+} 组分。这样，压力组分相图将呈现如图 2.31 所示的一般形式。

图 2.31 中纵轴表示压力，横轴表示 C_1—C_4 和 C_{5+} 的组分比例。在最左边，只存在拟组分 C_1—C_4（只有气相存在），而在最右边只存在拟组分 C_{5+}（所有压力下都是液体）。深色区域代表单相区域临界点 C 左侧为气相而右侧为液相。在两相区域中，流体在这些压力下不能作为单相存在，而是分成气相和液相，气液两相的百分比对应于该点在组分线（tie lines 图中的虚线）上距离末端的距离（其中 x_L 为液相含量，x_G 为气相含量）。

如图 2.31 所示范例，在所示的压力下，气体中存在约 90% 的 C_1—C_4 和 10% 的 C_{5+}。同时，液相中存在有 70% 的 C_{5+} 和 30% 的 C_1—C_4。气液两相的摩尔分数分别为 $L = X_L / X$

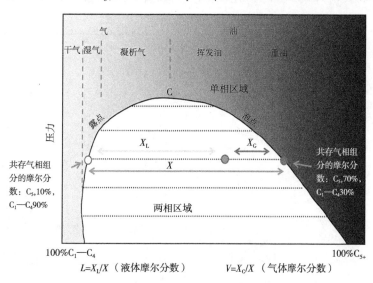

图 2.31　压力—包络线（双拟组分系统）

（液相）和 $V=X_G/X$（气相），两相区域分为 5 个不同区域，随压力下降分别分为干气、湿气、凝析气、挥发油和稠油。

另一个常用的表示方法是三元组分相图，如图 2.32 所示。三元组分相图使用了三个拟组分代替之前的两个拟组分，即 C_1，C_2—C_4 和 C_{5+}，因此给出了真实系统更好的表示方法。储层混合物在液相和气相之间两相区域的各相组分如图 2.32 所示。接下来需要考虑的问题是两相包络线是如何随压力而变化。在此，不再讨论这一相当复杂的问题。（读者可参见 Orr Franklin 著作《Principles of Gas Injection》，译者注）

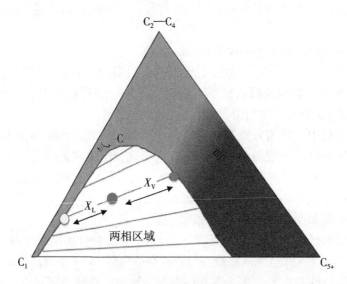

图 2.32　三元组分相图

2.7.4　压力和温度下的体积变化（PVT 关系）

对于单组分系统，体积与压力和温度的关系如图 2.33 所示。

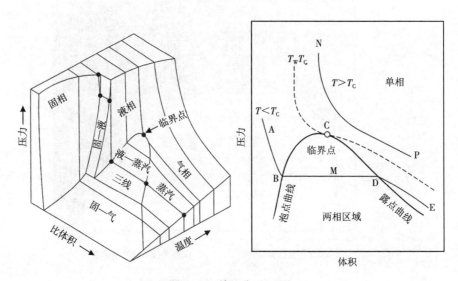

图 2.33　单组分 PVT 图

如果在高于临界温度（T_c）（曲线 NP）的温度下观察压力—体积曲线，单组分系统在任何压力下都呈现单相。

在低于临界温度的温度下（图中的曲线 ABDE），压力从点 E 增加至点 D 时，系统处于气体单相；气体在点 D 处开始液化，在此压力下体积迅速下降，直到在点 B 处所有气体被压缩成为液体，液相组分达到100%（注意，点 B 和点 D 处的压力相同）。之后，体积随压力的进一步增加而略微减小。点 C 为临界点，在临界温度以上，不管压力如何增加都不会产生液相。接近临界点处，气相和液相性质非常相近。

对于多组分系统，曲线位置与单相组分是相似的，不同之处在于从液相到气相转变过程中是否伴随着压力的下降（图 2.34）。

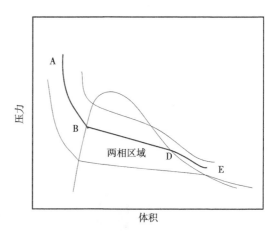

图 2.34　多组分系统中的 PVT 图

2.7.5　储层流体取样

油藏流体取样主要包括两种方法，取样的主要目的是获得原始油藏流体的代表性样本。

2.7.5.1　油藏流体间接取样——地面流动测试

储层流体从井底流到地面的过程中，伴随着压力和温度的变化，地面条件下的气体和原油可以在实验室中进行重新组合以确定储层条件下流体的成分。在此过程中，需要监测生产速度以确保参考稳定的流速用于实验室油气重新组合。

油藏流体的采样需要尽早进行，采样时机应选择在井筒周围油藏压力尽可能高于饱和压力时，否则就无法真正了解原始油藏流体的成分。这个问题对于凝析气而言尤其明显。采样过程中应尽量避免过高的压降，但需要保证足够大的流速以确保液体不会在井筒中聚集。实验室中流体组分重新组合的实验装置如图 2.35 所示。

2.7.5.2　油藏流体直接取样——重复地层测试

重复地层测试（RFT）设备（图 2.36）从井筒下入并配置到地层中，在储层条件下直接对油藏流体进行取样。然后，将油藏流体样品送至实验室进行测试。这种取样方法避免了地面取样后进行准确重配过程中的困难。而地下采样过程的限制在于用于重复地层测试采样的样品体积较小，而且取样中混有钻井液等其他流体。

2.7.6　油藏流体的实验室研究

对于湿气、干气或凝析气，有两类常见的实验室测试方法：定体积分离（定体积脱气）和定组分膨胀（图 2.37）。

2.7.6.1　气体和凝析气系统的定体积分离

将油藏流体样品放置于在实验装置中，保持温度为油藏温度，分阶段降低压力，测量气相和液相的体积。在每个阶段结束后，除去挥发出的气体组分，并将腔室体积恢复到初始体积。不同阶段的测量结果可以用于拟合该流体的状态方程参数，并用于油藏流体的组分模型中，或者直接用于黑油模型的状态方程中。

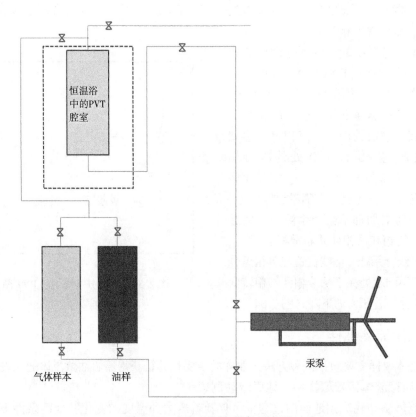

图 2.35　实验室复合设备示意图

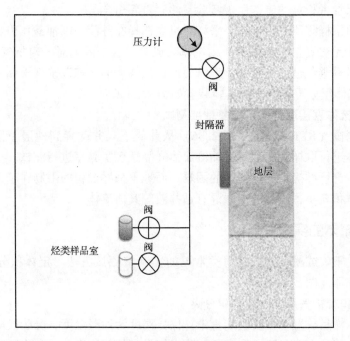

图 2.36　RFT 设备原理图

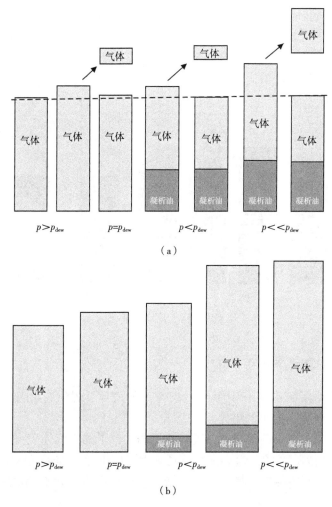

图 2.37 定体积分离（a）和定组分膨胀（b）示意图

2.7.6.2 定组分膨胀实验

在定组分膨胀实验中，将油藏流体置于可视的腔体中进行膨胀，即分阶段逐级降低压力，并在每一阶段中测量气体和凝析油的体积。在此过程中，油藏流体的成分保持不变。该实验的测量结果可以用于拟合相应的状态方程及相关参数。

2.7.6.3 微分分离实验

在原油微分分离（或称微分脱气）实验中，首先通过增加 PVT 腔体体积逐级降低压力，然后在恒定压力下将腔体体积减少至初始体积，排出挥发出的气体（图 2.38）。这个过程分阶段进行，直到压力降为大气压。在每个实验阶段，测量剩余的油和排出的气体体积。

气体体积系数的计算公式为

$$B_g = V_g / V_{STP} \qquad (2.33)$$

式中：V_g 为生产条件下的气体体积；V_{STP} 为标准条件下的体积。

压缩系数 $Z = (V, p, V_{STP}) / (V_{STP}, P_{STP}, T)$，其中 V 为试验压力 p 和温度 T 下排出的气体体积；原油地层体积系数 B_o 为生产条件下的油体积/标准条件下的体积；溶解气油比 GOR (R_S) 为标准地层条件下溶解的气体体积除以地层条件下的原油体积。

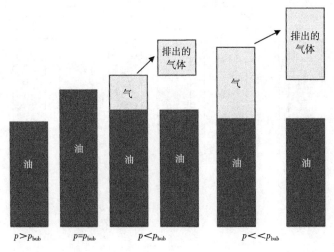

图 2.38　微分分离

2.7.7　油藏工程中状态方程的应用

理想气体定律适用于高温和中等压力条件下的气体，尤其适用于小分子气体（氮、氢、甲烷）和分子间吸引力小的组分。

如果假设气体分子很小以至于与总气体体积相比分子的实际体积可以忽略不计，同时忽略分子之间的吸引力（图 2.39），那么从理论上可以推导出理想气体定律。

分子相互碰撞并与容器壁碰撞，并且根据基本物理定律，分子会发生动量交换，由此可以推导出如下等式：

$$pV = nRT \tag{2.34}$$

式中：p 为压力；V 为体积；n 为物质的量，mol；T 为温度；R 为气体常数。

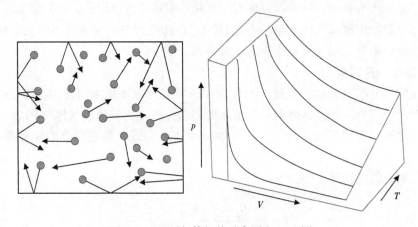

图 2.39　理想气体规律示意图和 PVT 图

考虑到分子的体积大小和分子间存在的吸引力，可以推导出多种半经验方程描述真实气体。范德华（Van der Waals）方程就是这样一个例子：

$$(p + a/V^2)(V - b) = RT \tag{2.35}$$

其中常数 a 和 b 取决于相互作用力和分子体积大小。将上式展开表示成体积 V 的形式，将得到

$$V^3 - (b + RT/p)V^2 + (a/p)V - ab/p = 0 \tag{2.36}$$

或者用 Z（偏差系数）表示：

$$Z^3 - (1 + B)Z^2 + AZ - AB = 0 \tag{2.37}$$

和

$$pV = nZRT$$

其中 $A = ap/(RT)^2$ 且 $B = bp/RT$。

这些都是三次方程(给定温度压力时的存在三个解，其中最大解和最小解为实际的体积解)。

图 2.40 展示了典型的天然气 PVT 相图和压缩因子 Z 的曲线图。上述方程结果包含两相区

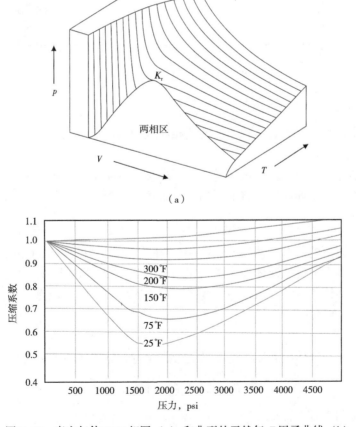

（a）

图 2.40　真实气体 PVT 相图（a）和典型的天然气 Z 因子曲线（b）

域，不仅适用于气体，也适用于液体。在两相区的左侧（纯液相一侧），随着压力的增加，体积变化很小（因为液体的压缩性很低）；而在气相一侧，体积很大程度上取决于压力值。

2.7.8 黑油模型

就许多用途而言，油藏流体可以表示为地面气体和地面原油的简单双组分系统，它们在油藏温度和压力条件下以不同的比例"混合"存在（图2.41）。

这类似于上面图2.31所示的双拟组分体系。不同之处在于，纵坐标的温度和压力不断变化，因此示意图的底部表示在地面条件（60℉和14.7psi）下的状态。

黑油模型中流体体积特性可用天然气和原油的体积系数表示，而气体在原油中的溶解程度则用溶解气油比表示。

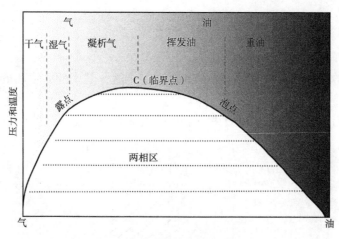

图2.41　黑油模型流体特性

2.7.8.1　体积系数

黑油模型中定义了与地表体积相关的油相和气相的体积系数。

2.7.8.1.1　原油体积系数

当压力在泡点以上时，原油体积随压力下降会略微膨胀；当压力低于泡点压力，原油体积随气体的析出而不断收缩。将地层油体积系数定义为

$$B_o(p) = V_o(p)/V_{o(STP)} \qquad (2.38)$$

表示地面标准状态下的每单位体积（bbl）原油在体积油藏中的体积（bbl），其中 $V_{o(STP)}$ 为地面标准温度和压力下的原油体积，图2.42（a）所示为原油的体积系数，其中 B_{oi} 是初始油藏条件下的原油体积系数。值得注意的是，随着压力的降低，泡点以上的 B_o 增加缓慢，泡点以下的 B_o 下降迅速。

2.7.8.1.2　天然气体积系数

我们已经看到，气体随着压力的降低而膨胀。将天然气体积系数（B_g）定义为

$$B_g(p) = V_g(p)/V_{g(STP)} \qquad (2.39)$$

在现场单位制中可以得到

$$B_g(p) = 0.0283TZ/p$$

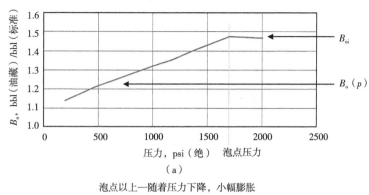

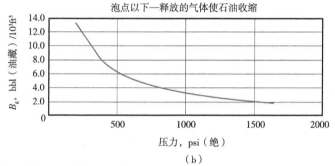

图 2.42 原油（西得克萨斯黑油）（a）和气体地层体积因子（b）

2.7.8.2 溶解气油比

溶解气油比定义为在压力 p 下 1 bbl 原油中气体含量的倒数，有

$$R_s(p) - V_o(p)/V_{g(STP)} \tag{2.40}$$

即油藏中原油体积（bbl）除以 1000ft³ 的气体体积。

图 2.43 所示为溶解气油比曲线图，在泡点压力之上，R_s 保持恒定。在泡点压力以下，原油中可以溶解的气体越来越少，因此 R_s 随着原油可以溶解的气体体积的减小而减小。

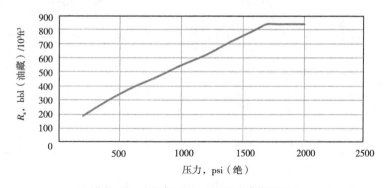

图 2.43 溶解气油比（西得克萨斯黑油）

2.7.9 生成黑油模型经验曲线的 Excel 表格

可以利用"黑油性质"电子表格中提供的经验公式估算体积系数、溶解气油比和黏度。使用效果如图 2.44 所示（阴影单元格中为所需输入参数）。需要理解的是，对于原油

37

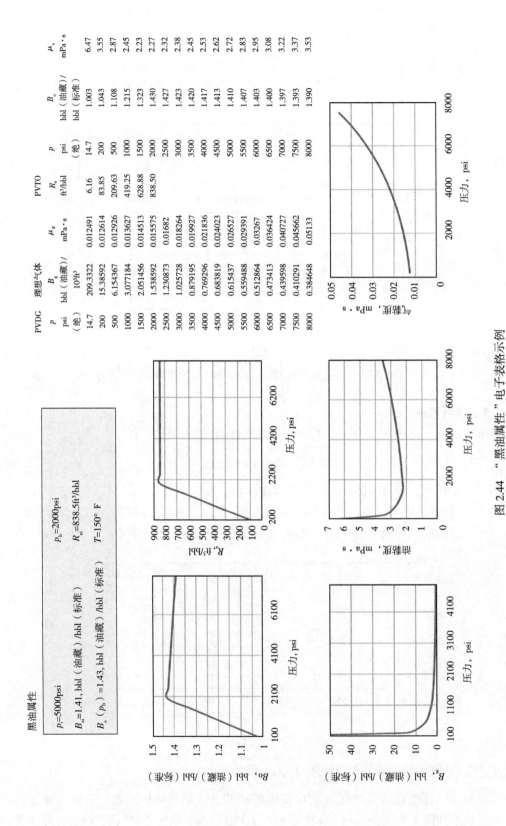

黑油属性

p_i=5000psi		p_b=2000psi
B_{oi}=1.41, bbl（油藏）/bbl（标准）		R_{si}=838.5ft³/bbl
B_o（p_b）=1.43, bbl（油藏）/bbl（标准）		T=150°F

PVDC

p psi（绝）	理想气体 B_g（油藏）/10⁴ft³ bbl	μ_g mPa·s
14.7	209.3322	0.012491
200	15.38592	0.012614
500	6.154367	0.012926
1000	3.077184	0.013627
1500	2.051456	0.014513
2000	1.538592	0.015575
2500	1.230873	0.01682
3000	1.025728	0.018264
3500	0.879195	0.019927
4000	0.769296	0.021836
4500	0.683819	0.024023
5000	0.615437	0.026527
5500	0.559488	0.029391
6000	0.512864	0.03267
6500	0.473413	0.036424
7000	0.439598	0.040727
7500	0.410291	0.045562
8000	0.384648	0.05133

PVTO

R_s ft³/bbl	p psi（绝）	B_o（油藏）/（标准）bbl/bbl	μ_o mPa·s
6.16	14.7	1.003	6.47
83.85	200	1.043	3.55
209.63	500	1.108	2.87
419.25	1000	1.215	2.45
628.88	1500	1.323	2.23
838.50	2000	1.430	2.27
	2500	1.427	2.32
	3000	1.423	2.38
	3500	1.420	2.45
	4000	1.417	2.53
	4500	1.413	2.62
	5000	1.410	2.72
	5500	1.407	2.83
	6000	1.403	2.95
	6500	1.400	3.08
	7000	1.397	3.22
	7500	1.393	3.37
	8000	1.390	3.53

图2.44 "黑油属性"电子表格示例

38

而言，这些参数仅仅是"典型原油"的近似参考值。对于天然气而言，计算过程需要假设气体为理想气体的特性。黑油模拟器中所需的输入参数在表格的右侧。

2.7.10 组分模型闪蒸计算

"闪蒸"计算是指针在已知的温度和压力下，已知固定组分油藏流体，计算不同压力和温度条件下该流体的各相组成、组分比例和体积特性。

使用诸如 Peng-Robinson 的状态方程，可以得到混合物的各组分含量 $\{z_i\}$，其中 z_i 为组分 i 的摩尔分数（$\sum_i^N z_i = 1$），N 为给定压力和温度下存在的组分总数，并且确定液相和气相的物质的量（L 和 V）以及每一种组分在气、液两相的摩尔分数 $\{x_i\}$ 和 $\{y_i\}$。上述计算中使用的公式都利用了基本的热力学关系（参见图 2.31 中的双组分实例）。

2.7.10.1 化学势能

化学势能是每摩尔组分 i 的 Gibbs 自由能，因此表示为

$$\mu_i = \left(\frac{\partial G}{\partial n_i}\right)_{T, p, nj} \tag{2.41}$$

在液相和气相共存并处于平衡状态的系统中，组分 i 必然满足

$$\mu_i^{\mathrm{L}} = \mu_i^{\mathrm{V}} \tag{2.42}$$

2.7.10.2 逸度

从基本热力学关系可知，$\mathrm{d}G = S\mathrm{d}T + V\mathrm{d}p$。根据理想气体定律 $pV = RT$，我们可以证明对于理想气体，有

$$\left(\frac{\partial \mu}{\partial p}\right)_T = RT/p$$

从而得到

$$\mu_i - \mu_i^\circ = RT\ln\left(\frac{p}{p_\mathrm{o}}\right) \tag{2.43}$$

其中 μ_i° 为参考压力 p_o 下组分 i 的自由能。

2.7.10.3 真实气体

定义"压力校正"函数 f_i（针对真实气体），称为逸度：

$$\mu_i - u_i^\circ = RT\ln\left(\frac{f_i}{f_i^\circ}\right) \tag{2.44}$$

因此，逸度的定义是衡量非理想化程度的一种方法。由于 $\mu_i^{\mathrm{L}} = \mu_i^{\mathrm{V}}$，类似地可以表明，对于平衡状态下的所有组分 i，$f_i^{\mathrm{L}} = f_i^{\mathrm{V}}$。

在此基础上定义一个逸度系数 φ_i：

$$\varphi_i = f_i / p \cdot z_i$$

其中 z_i 为组分 i 的摩尔分数，当 $p \rightarrow 0$ 时为 $\phi_i \rightarrow 1$。

从热力学基本关系来看，有

$$\ln(\varphi_i) = \frac{1}{RT}\int\left\{\left(\frac{\partial p}{\partial n_i}\right)_{T, V, nj} - RT/V\right\} \mathrm{d}V - \ln Z \tag{2.45}$$

39

因此，一旦有了 Z 的函数方程，就可以利用状态方程和 Z^L 及 Z^V 得到任一组分 i 在液相和气相中的逸度。

基于

$$f_i^V = y_i p \phi_i^V \ ; \ f_i^L = x_i p \phi_i^L$$

如果定义组分 i 在液相中的摩尔分数与气相中的摩尔分数之比为 K，那么

$$K_i = y_i / x_i = \phi_i^L / \phi_i^V$$

除此之外，$L+V=1$ 和 $z_i = x_i \cdot L + y_i \cdot V$ 的关系式同样成立（基于物质平衡）。使用上述所有内容，可以迭代进行闪蒸计算过程，具体步骤在以下小节中进行总结和详述。

2.7.10.4 三次状态方程

$$aZ^3 + bZ^2 + cZ + d = 0$$

其中，a，b，c 和 d 是所有组分的临界性质参数和组分之间的相互作用系数的函数。

求解 PVT 关系函数：

通过上述方程也可以得到气相和液相中各组分的化学势能（和逸度）（μ_i^L 和 μ_i^V）。在平衡条件下，每个组分的气液两相化学势能（或逸度）必须相等。

2.7.10.5 确定共存相的组分

标准闪蒸计算的示意图如图 2.45 所示。在油藏组分模型中，该计算过程应用于其中的每个网格单元。

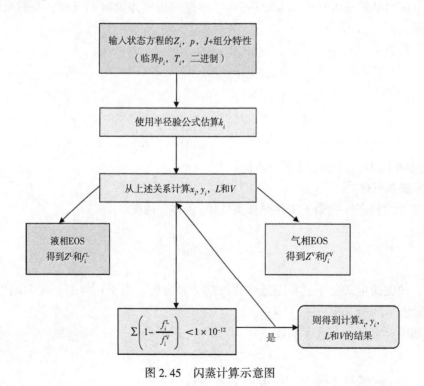

图 2.45 闪蒸计算示意图

2.8 思考与练习

Q2.1 定义孔隙度和有效孔隙度。典型的值范围是什么，大小取决于那些因素？

Q2.2 列出两种确定储层孔隙度的方法。

Q2.3 定义碳氢化合物的孔隙体积。

Q2.4 定义岩石压缩性。

Q2.5 定义净毛比。

Q2.6 解释多孔介质岩石的"孔喉"模型的含义。

Q2.7 解释波义耳定律在实验室测定孔隙度中的应用。

Q2.8 给出包含压力梯度和重力分量的达西定律表达式。画图解释式中所有术语。

Q2.9 根据实验室数据计算不可压缩流体的绝对渗透率，其中 $A=12.5cm^2$，$x=10cm$，$p_1-p_2=50psi$，$q=0.05cm^3/s$，流体黏度 $=2.0mPa \cdot s$。

Q2.10 根据以下实验室数据计算水平岩心中气测绝对渗透率：$A=5.06cm^2$，$x=8cm$，$p_1=200psi$，$p_2=195psi$，$Q=23.6cm^3/s$，气体黏度 $0.0178mPa \cdot s$。

Q2.11 给出现场单位制中的达西定律，并列出每种参数的量纲。

Q2.12 对于油水系统，画图说明"接触角"的意义。

Q2.13 借助图表解释油水系统（在水湿介质）中"排驱"和"渗吸"这两个术语的意义。绘制毛细管压力和相对渗透率曲线。注水开发过程对应于其中哪一个过程？

Q2.14 绘制一张与深度相关的油和水压力图（不含气体的油水系统），说明深度与含水饱和度关联关系。

Q2.15 解释有效渗透率的含义。写出存在多相流体时 α 相的达西方程。

Q2.16 画图说明"水湿"和"油湿"系统的相对渗透率曲线的差异。

Q2.17 绘制以下油藏类型典型的 PT 相位包络线。

（1）干气。

（2）湿气。

（3）凝析油。

（4）重油。

在图中标出储层条件到地面条件状态的变化。

Q2.18 借助简单的示意图，描述定体积分离和定组分膨胀的实验室试验。

Q2.19 下列表格为地层体积系数、溶液气油比以及黏度作为压力函数的实验室测量结果。使用电子表格绘制这些参数与压力的关系曲线。确定该原油的泡点压力。

p，psi	B_o，bbl（油藏）/bbl	B_g，bbl（油藏）/10^3ft^3	R_s，ft^3/bbl	μ_o，mPa $\cdot$ s	μ_g，mPa $\cdot$ s
2000	1.467		838.5	0.3201	
1800	1.472		838.5	0.3114	
1700	1.475		838.5	0.3071	
1640	1.463	1.920	816.1	0.3123	0.016
1600	1.453	1.977	798.4	0.3169	0.016
1400	1.408	2.308	713.4	0.3407	0.014
1200	1.359	2.730	621.0	0.3714	0.014
1000	1.322	3.328	548.0	0.3973	0.013
800	1.278	4.163	464.0	0.4329	0.013
600	1.237	5.471	389.9	0.4712	0.012
400	1.194	7.786	297.4	0.5189	0.012
200	1.141	13.331	190.9	0.5893	0.011

Q2.20 画图解释润湿性的概念。写出关于接触角与界面能相关的方程式（解释方程中每项的含义）。润湿性和接触角有何关系？哪些储层特性取决于润湿性？

Q2.21 借助固体/油/水界面图解释毛细管压力的概念。

2.9 拓展阅读

L. P. Dake, Fundamentals of Reservoir Engineering, Elsevier, 1978.

L. P. Dake, The Practice of Reservoir Engineering, Elsevier, 2001.

B. Cole Craft, M. Free Hawkins, Applied Petroleum Reservoir Engineering, Prentice Hall, 2014.

R. Terry, J. Rogers, Applied Petroleum Reservoir Engineering, Prentice Hall, 2015.

A. Kumar, Reservoir Engineering Handbook, SBS Publishers.

P. Donnez, Essentials of Reservoir Engineering, vol. 1 and 2, Editions Technik, 2007 and 2012.

B. F. Towler, Fundamental Principles of Reservoir Engineering, SPE Publications.

W. D. McCain, Properties of Petroleum Fluids, Ebary, 1990.

A. Danesh, PVT and Phase Behavior of Petroleum Reservoir Fluids, Elsevier, 1998.

2.10 相关 Excel 表格

相对渗透率和毛细管压力。

黑油模型物性参数。

第 3 章　试井分析

来自测井分析和岩心分析的数据局限于反映井筒附近的储层特性。而生产数据和试井分析（瞬态压力分析）数据使得研究并不局限于近井地带，而是探究离井更远、更宏观油藏的储层特性。

3.1　基本方程

试井分析需要建立距离井（r）处某点的压力（p）与流速和时间的方程，这个方程是渗透性、孔隙度、流体压缩性以及任何存在的边界的函数［图 2.7（a）］。建立该方程的出发点就是质量守恒和动量守恒的基本方程。

在径向柱坐标系下，质量守恒方程可表示为

$$\left(\frac{1}{r}\right)\frac{\partial}{\partial r}(r\rho u) = \phi\frac{\partial \rho}{\partial t} \tag{3.1}$$

达西定律（一个半经验定律，但可以基于相关简化和假设从动量守恒中推导出来）给出

$$u = -\frac{K}{\mu}\frac{\partial p}{\partial r} \tag{3.2}$$

式中：u 为速度；ϕ 为孔隙度；K 为渗透率；ρ 为密度；μ 为黏度。

联立上述两个方程将得到

$$-\frac{1}{r}\frac{\partial}{\partial r}\left(r\rho\frac{K}{\mu}\frac{\partial p}{\partial r}\right) = \phi\frac{\partial \rho}{\partial t} \tag{3.3}$$

下面将给出一系列的简化假设。

对于油而言，假设它具有恒定的压缩系数（c）、渗透率和黏度与压力无关并且 $\frac{\partial p}{\partial r}$ 很小，因此 $\left(\frac{\partial p}{\partial r}\right)^{2}$ 可以忽略。

利用上述假设将最终得到所谓的"扩散方程"，即所有解析试井分析的基础方程：

$$\frac{\partial^2 p}{\partial r^2} + \frac{1}{r}\frac{\partial p}{\partial r} = \frac{\phi\mu c}{K}\frac{\partial p}{\partial t} \tag{3.4}$$

式（3.4）对液体成立，但对气体不成立。以下所有内容均涉及油藏。附录 C 中讨论了气藏的试井分析方法。

通过一系列复杂的数学处理，可以在各种边界条件下求解该扩散方程（求解结果均在为储层条件下）。

3.2 线源—无限大油藏

油藏中的任一点 (r, t)（图 3.1）的压力为

$$p(r, t) = p_i - \frac{qB\mu}{2\pi Kh} \cdot \frac{1}{2}\left[\ln\left(\frac{Kt}{\phi\mu cr^2}\right) + 0.80907\right] \qquad (3.5)$$

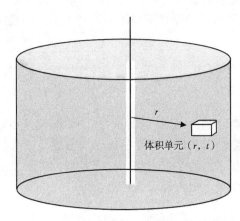

图 3.1 径向坐标

在井筒处 $(r=r_w)$：

$$p_w(t) = p_i - \frac{qB\mu}{2\pi Kh} \cdot \frac{1}{2}\left[\ln\left(\frac{Kt}{\phi\mu c_w^2}\right) + 0.80907\right] \qquad (3.6)$$

式中：$p_w(t)$ 为时间 t 时井筒的压力；p_i 为原始压力；B 为油的体积系数；r_w 为井筒半径。

在现场单位制中，该方程可写为

$$p_w(t) = p_i - \frac{162.6qB_o\mu}{Kh}\left[\lg\left(\frac{Kt}{\phi\mu cr_w^2}\right) - 3.23\right] \qquad (3.7)$$

式中：p_w 和 p_i 单位为 psi；q 单位为 bbl/d；μ 单位为 mPa·s；K 单位为 mD；h 单位为 ft；$c=c_wS_w+c_oS_o+c_f$，单位为 psi^{-1}；r 单位为 ft；B_o 单位为 bbl（油藏）/bbl（标准）；t 单位为 h。

3.3 具有封闭边界的油藏

具有封闭边界的油藏是一个封闭的系统。

在特定边界条件下扩散方程的解为

$$p_w(t) = p_i - \frac{qB\mu}{2\pi Kh}\left[\left(\frac{2Kt}{\phi\mu cr_c^2}\right) + \ln\left(\frac{r_c}{r_w}\right) - 0.75\right] \qquad (3.8)$$

其中 r_e 为边界半径。

3.4　定压边界条件

在顶压边界条件下再次求解解扩散方程得到

$$p_w(t) = p_i - \frac{qB\mu}{2\pi Kh}\ln\left(\frac{r_c}{r_w}\right) \tag{3.9}$$

上述结果对应于一个不依赖于时间的"稳态"系统，重新排列式（3.9）会得到在第2章中讨论的径向柱坐标下的达西定律方程。

3.5　表皮效应

到目前为止，我们已经考虑了井筒附近的压力（p_w），但这个压力不一定与井筒内的压力（p_wf）相同。这两个压力通常会有所不同，主要因为在钻完井作业时可能会破坏或改善近井地带的流动特性。例如，钻井液可能滤失至储层从而降低渗透率，使得压力降大于预期。或者，在井筒周围进行局部压裂可以增加渗透性。这些"表皮效应"通常局限于生产井周围（可能几英寸或几英尺），因此只影响一小部分储层（图3.2）。

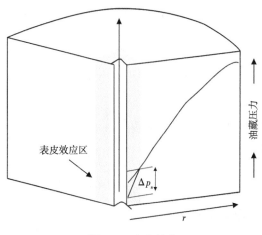

图 3.2　表皮效应

在处理表皮效应时，假设

$$p_{wf}(t) = p_w(t) + \Delta p_s \tag{3.10}$$

如果进一步假设压降与流速成正比，并且在近井地带为稳态流动，那么

$$S = \Delta p_s/(qB\mu/2\pi Kh) \tag{3.11}$$

其中 K 是近井储层（渗透率被改变区域）的局部渗透率。

对于无限大底层的油藏，井以恒定的产量生产（q），则有

$$p_{wf}(t) = p_i - \frac{qB\mu}{2\pi Kh} \cdot \frac{1}{2}\left[\ln\left(\frac{Kt}{\phi\mu cr_w^2}\right) + 0.80907 + 2s\right] \tag{3.12}$$

或在现场单位制中：

$$p_w(t) = p_i - \frac{162.6qB_o\mu}{Kh}\left[\lg\left(\frac{Kt}{\phi\mu cr_w^2}\right) - 3.23 + 0.87s\right] \tag{3.13}$$

对于有边界油藏（半径$=r_e$）：

$$p_{wf}(t) = p_i - \frac{qB\mu}{2\pi Kh}\left[\left(\frac{2Kt}{\phi\mu cr_e^2}\right) + \ln\left(\frac{r_e}{r_w}\right) - 0.75 + s\right] \tag{3.14}$$

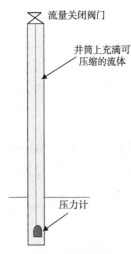

图 3.3　井筒储集示意图

表皮效应的确定将在 3.9 节中进一步讨论。

3.6　井筒储集效应

另一个使试井解释复杂的原因是，井通常在地面打开和关闭，而压力计位于井底（图 3.3）。因此，当开始或停止生产时，在一定时间段内，井筒中的流体对井口阀门的打开或关闭做出响应。这个过程中储层流体达到稳定状态所需的时间取决于井筒中的体积和流体的压缩系数（特别是如果存在气体时，储集效果则更明显）。

因此，关井引发井筒内可压缩流体的迅速响应，随着井筒内压力的增加流体体积收到压缩。早期的压力测量数据因此会受到井筒储集效应的扰动。

3.7　压力下降试井/压降分析

由上述推导结果可知

$$p_{wf}(t) = p_i - \frac{qB\mu}{2\pi Kh} \cdot \frac{1}{2}\left[\ln(t) + \ln\left(\frac{K}{\phi\mu c r_w^2}\right) + 0.80907 + 2s\right] \tag{3.15}$$

或在现场单位制中：

$$p_w(t) = p_i - \frac{162.6qB_o\mu}{Kh}\left[\lg\left(\frac{Kt}{\phi\mu c_w^2}\right) - 3.23 + 0.87s\right] \tag{3.16}$$

因此，可以得到井筒压力、初始油藏压力和时间 t 的一般关系式：

$$p_{wf}(t) = m \cdot \lg t + p_i \tag{3.17}$$

如果考虑一口油井以恒定产量生产一段时间后进行关井，这种情况如图 3.4 所示。

p_{wf} 与 $\lg t$ 曲线中的直线段部分斜率为 m，其中 $m = \frac{qB\mu}{4\pi Kh}$，这将给出渗透率 K，其中 B（地层体积系数）和黏度是根据压力/体积/温度数据得出的，h 和 q 也是已知的。

不仅如此，考虑对数 $\lg t = 0$，此时 $t = 1$，原则上可以从中获得表皮系数 s，不过井筒储集效应使上述分析过程变得复杂。

扩散方程解的基本形式可以重新写成如下形式：

$$\Delta p = p_{wf} - p_1 = qmf(t) \tag{3.18}$$

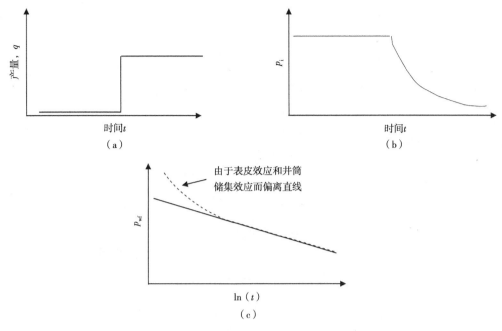

图 3.4　压力下降

3.8　压力恢复分析

3.8.1　叠加原理

通常情况下需要研究存在多口井的问题，或者更常见的情况下，一口井以不同的产量生产。所幸对于线性微分方程，上面讨论的函数关系仍然可适用，即线性微分方程不同解的线性组合仍然是该微分方程的解，但需要在适当的边界条件下使用。

考虑单井如下情况：生产中压力首先下降一段时间，然后关井，压力随后开始逐渐恢复（图 3.5）。

3.8.2　Horner 曲线——压力恢复数据计算渗透率和初始油藏压力

如果 Δp 为 Δt 期间的压力恢复，有

$$\Delta p = m[q_1 f(t) + (q_2 - q_1)f(t - t_p)] \tag{3.19}$$

如果 $q_2 = 0$，有

$$\Delta p = q_1 m[f(t) - f(t - t_p)] \tag{3.20}$$

如果 $t = t_p = \Delta t$，有

$$\Delta p = q_1 m[f(t_p + \Delta t) - f(\Delta t)] \tag{3.21}$$

因此

$$f(\Delta t) = \frac{1}{2}[\ln(\Delta t) + c] \text{ 和 } f(t) = \frac{1}{2}[\ln(t_p + \Delta t) + c] \tag{3.22}$$

$$\Delta p = q\frac{m}{2}\ln[(t_p + \Delta t)/\Delta t] \tag{3.23}$$

47

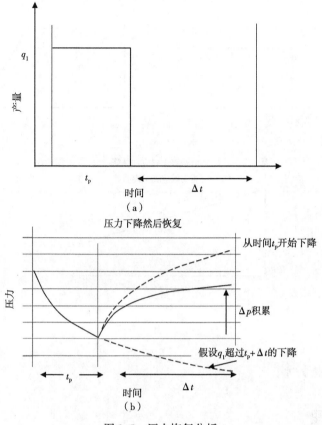

图 3.5 压力恢复分析

这就是被称为 Horner 曲线的压力恢复方程（图 3.6）。

在现场单位制中，有

$$\Delta p = \frac{162.6qB\mu}{Kh}\lg\left[\,(t_{\mathrm{p}} + \Delta t)/\Delta t\,\right] \tag{3.24}$$

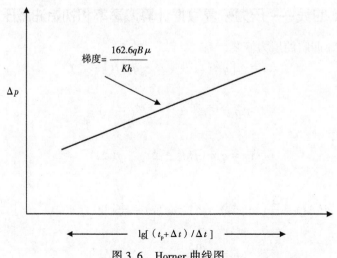

图 3.6 Horner 曲线图

48

但是，式（3.24）无法考虑早期效应，即前面讨论的表皮效应和井筒储集效应。图 3.7 展示了一个典型的压力恢复曲线，早期阶段的压力变化由井筒储集效应和表皮效应主导。图 3.7 中曲线还展示了井筒储集和表皮效应结束后，压力数据中间部分出现与 Horner 方程相吻合的直线段。可以通过调整渗透率的值来拟合直线段，并且外推至时间为 1h 处将给出初始油藏压力。3.12 节中将讨论利用电子表格进行上述分析和计算。

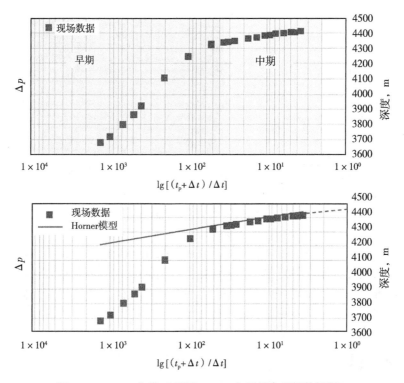

图 3.7　Horner 曲线（利用 Horner 方程拟合现场数据图）

3.8.3　压力恢复数据计算表皮系数

在表皮系数 s 的定义中，假设井筒附近的流动为稳态流。如果假设表皮现象在早期的压力恢复数据中出现，并且通常选用在 $t = 1\mathrm{h}$ 时的压力数据，则可以重新整理式（3.16），从而得到表皮系数 s 的估计值：

$$s = 1.151\left(\frac{p_1hr - p_{\mathrm{wf}}}{\dfrac{Kh}{162.3q_0\mu}}\lg\frac{K}{\phi\mu cr_{\mathrm{w}}^2} + 3.23\right)\qquad(3.25)$$

3.9　双对数曲线

当 Δt 较大时，压力方程导数可近似为

$$\frac{\mathrm{d}[\ln(\Delta p)]}{\mathrm{d}[\ln(\Delta t)]} = \frac{q\mu}{4\pi Kh}\qquad(3.26)$$

49

从而获得双对数坐标下的导数图（参见图 3.8 中的浅色曲线），这也是目前最常用的分析方法。因此，无限大地层径向流将给出 $\frac{q\mu}{4\pi Kh}$ 的值，从中可以确定渗透率 K。注意 K 在分母中，因此渗透率越高，径向流阶段的导数曲线的值越低。

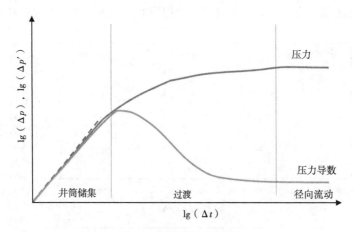

图 3.8　双对数导数曲线

在常规试井数据分析中，双对数坐标下随时间变化的压力曲线及其压力恢复阶段的导数曲线分析方法是目前最常用的方法，也包括上面讨论的 Horner 曲线方法。有许多商业软件包使用解析方法程序或数值方法程序，在一系列边界条件下，将油藏模型与现场生产数据进行比较和拟合，从而确定油藏关键参数。

3.10　油藏类型

试井测试数据需要根据油藏不同类型进行拟合，下面将讨论集中不同油藏类型的例子。

3.10.1　径向复合油藏

径向复合模型可以识别近井地带、无限大地层径向流（IARF）的中部和远井地带等不同区域传导系数的变化。当 IARF 远井地带的传导系数较低的情况下，导数曲线的值大于均质传导系数情况下的导数值（图 3.9）。与之相反，当近井地带渗透率增加时，导数曲线的值会小于均质传导系数情况下的导数值。这种传导系数的变化可能是由于渗透率的变化引起，但也可能是部分断层屏障造成的结果。

3.10.2　定压边界油藏

当油藏存在定压边界时，例如当有活跃含水层提供压力支撑时，压力导数曲线的值在压力稳定时逐渐下降（如图 3.10 实线部分所示）。

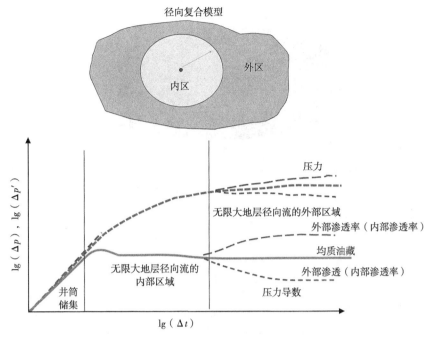

图 3.9 径向复合模型

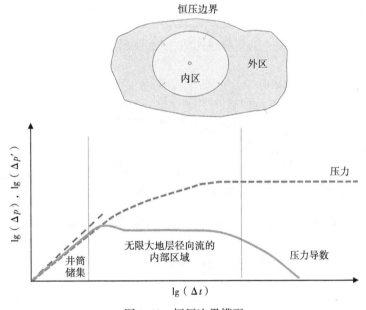

图 3.10 恒压边界模型

3.10.3 封闭径向油藏

对于一个封闭油藏系统（图 3.11），其压力恢复曲线与恒压边界系统的恢复曲线相似，因此必须分析下降曲线来区分两个系统。

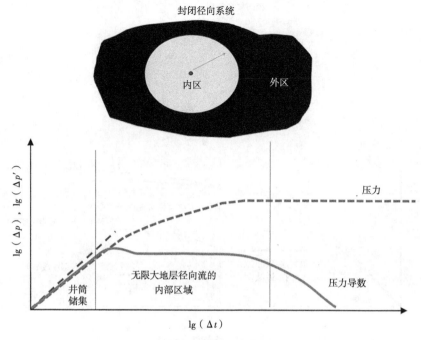

图 3.11　封闭径向系统

3.10.4　裂缝性储层

对于裂缝发育的油藏，压力回复曲线如图 3.12 所示。

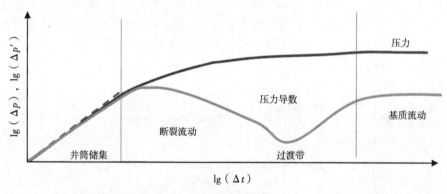

图 3.12　裂缝性储层

3.11　压力恢复分析 Excel 电子表格

本节提供一个有用的 Excel 电子表格，即"Horner Plot zz"，可以生成 Horner 曲线。其中，输入和输出示例如图 3.13 所示。

线源的无限流动阶段

| p_i=4560 |
| q（bbl/d）=250 |
| μ_o（mPa·s）=0.8 |
| B_o（bbl/bbl）=1.136 |
| K（mD）=7.65 |
| h（ft）=69 |
| ϕ=0.039 |
| c（psi^{-1}）=1.70×10^{-5} |
| r_w（ft）=0.198 |
| S=0 |
| t（drawdown）hours=13630 |

压力恢复数据

数据输入

时间，h	压力，psi
0	3534
0.15	3680
0.2	3723
0.3	3800
0.4	3866
0.5	3920
1	4103
2	4250
4	4320
6	4340
7	4344
8	4350
12	4364
16	4373
20	4379
24	4384
30	4393
40	4398
50	4402
60	4405
72	4407

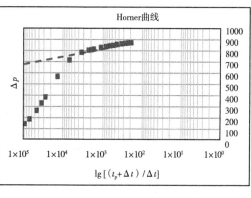

关井压力 p=3534

$$\Delta p=\frac{162.6qB\mu}{Kh}\lg\,[\,(t_p+\Delta t)/\Delta t\,]$$

图 3.13 电子表格示例——压力累积分析

3.12 思考与练习

Q3.1 微可压缩流体径向坐标下的扩散方程，是很多试井分析的基础方程，如下所示：

$$\frac{\partial^2 p}{\partial r^2}+\frac{1}{r}\frac{\partial p}{\partial r}=\frac{\phi\mu c}{K}\frac{\partial p}{\partial t}$$

解释这个方程式中每项术语的含义。举出一个推导这个方程的假设条件。

Q3.2 列举解释不同储层类型常用的三种边界条件。

绘制自然裂缝发育的油藏在双对数坐标下试井压力和压力导数曲线。

Q3.3 下面为油井压力与时间的关系数据：

时间，h	0	1.5	3	6	9	12	18	24	48	72
压力，psi	5050	4943	4937	4935	4929	4927	4923	4921	4916	4912

油黏度为 0.5mPa·s，原油体积系数为 1.75bbl/bbl，油井产量为 500bbl/d，地层厚度为 60ft，孔隙度为 0.2，压缩系数为 1.5×10^{-5}，r_w=0.16ft，表皮系数为 0。

利用提供的 Excel 表格（welltest analysis-drawdown-zz），通过调整渗透率（K）的值，拟合生产数据，从而确定地层的渗透率。

Q3.4 压力恢复试验进行到 100h，初始测试时压力为 4800 psi，试井结果如下：

时间，h	0	10	20	30	40	50	60	70	80	90	100
压力，psi	4800	4890	4920	4950	4968	4972	4975	4977	4979	4981	4982

其中，油黏度=0.5mPa·s，原油体积系数为1.80bbl/bbl，油井产量为400bbl/d，地层厚度为50ft，孔隙度为0.2，压缩系数为1.5×10^{-5}，$r_w=0.16$ft，表皮系数为0。原始地层压力为5000psi。

使用提供的 Excel 表格（horner plot-zz），通过改变渗透率（K）的值拟合生产数据，从而获得地层的渗透率。

3.13 拓展阅读

J. Lee，Well testing，SPE Textbooks，1982.

J. Spivey，J. Lee，Applied Well Test Interpretation，SPE Textbooks，2013.

3.14 相关 Excel 表格

试井压降（welltest analysis-drawdown-zz）；Horner 曲线（Horner plot-zz）。

第4章　油藏动态预测的解析方法

从质量守恒、动量守恒（达西定律）和热力学关系等基本方程出发，可以推导出油藏动态的分析方程，例如物质平衡方程和水驱过程中的前缘推进方程 Buckleye−Leverett（B−L）方程等，这些方程历来被油藏工程师用来估算石油和天然气开发过程中的采收率，及其作为压力下降的函数。同时，简单的单网格井模型也可用于早期的现场评估和开发方案规划。随着数值模拟的快速发展和复杂程度的不断提高，这些方法的使用已逐步减少。不过，它们在理解油藏动态方面仍然非常有帮助；并且可以与压降曲线方法结合使用，进行采收率和早期开发方案的评估。

4.1　基于物质平衡的压降变化

针对气藏和油藏，可以使用解析的物质平衡方程来预测随压降变化的油藏动态。在这两种情况下，为了预测生产动态随时间的变化（即得到生产曲线），需要对压力随时间的变化关系做出特定的假设。

4.1.1　气藏物质平衡

气体状态方程表示为

$$pV = nZRT \tag{4.1}$$

在初始状态下为

$$p_i V_H = n_i Z_i RT \tag{4.2}$$

式中：p_i 为初始压力；V_H 为混合物体积；n_i 为在油藏中初始条件下的物质的量，mol；Z_i 为初始条件下的压缩因子，$Z_i = f(p)$。

另有

$$pV_H = nZRT \tag{4.3}$$

式中：p 为某一时刻 t 的压力；n 为该时刻在油藏中的摩尔数量；Z 为该时刻的压缩因子。

如果 Δn_i 为从初始时刻到时刻 t 过程中产出气体的物质的量，则有

$$(p/Z)n_i = (p_i/Z_i)(n_i - \Delta n_i)$$

或者

$$\frac{p}{Z} = \frac{p_i}{Z_i}\left(1 - \frac{\Delta n_i}{n_i}\right) \tag{4.4}$$

因此

$$p^\circ = n_i Z^\circ RT^\circ / V_i^\circ \tag{4.5}$$

从而将气体在标准状态下的体积与在油藏中的物质的量联系起来。

$$p^\circ = \Delta n_i Z^\circ R T^\circ / \Delta V^\circ \tag{4.6}$$

联立式（4.6）可知，标准状态下产出的气体体积与产出的物质的量的关系：

$$\frac{\Delta n_i}{n_i} = \frac{\Delta V^\circ}{V_i^\circ}$$

并且

$$\frac{p}{Z} = \frac{p_i}{Z_i}\left(1 - \frac{\Delta V^\circ}{V_i^\circ}\right) \tag{4.7}$$

这就给出从初始压力 p_i 到最终压力 p 时产生的气体体积的简单线性关系：

$$\Delta V^\circ = V_i^\circ\left(1 - \frac{pZ_i}{Zp_i}\right) \tag{4.8}$$

式中：ΔV° 为产生的气体体积（bscf-地面条件）；V_i° 为初始气体位置（bscf-地面条件）；p_i 为初始压力，psi；p 为最终压力，psi；Z_i 为初始条件下的压缩性，$Z_i=f(p_i)$；Z 为最终条件下的压缩性，$Z=f(p)$。

4.1.2 计算气藏地质储量

通过 p/Z 与 ΔV_o 的关系图可根据早期生产数据估算总储层体积。p_i/Z_i 曲线与水平轴的垂直交点给出了总的气体地层储量。因此，可以使用早期生产数据（ΔV_o）和实验室压力/体积/温度数据（Z）来估算储层气体体积 [图 4.1（a）]。不同关井压力下的采收率可从早期 p/Z 与 $\Delta V_o/V_o$ 数据关系曲线中获得 [图 4.1（b）]。

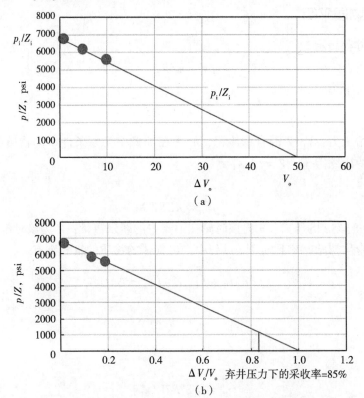

图 4.1 p/Z 与 ΔV_o 图（a）和 p/Z 与 $\Delta V_o/V_o$ 图（b）

4.1.3 油藏的物质平衡

利用油藏条件下的体积平衡可以得到总产油量。

（1）在压力由 p_i 降到 p 的过程中，原油膨胀体积为 N（$B_o - B_{oi}$），原油为弹性驱动。

（2）生产过程中溶解其释放的气体的体积为 NB_g（$R_{si} - R_s$），为溶解气驱动。

（3）在压力由 p_i 降到 p 的过程中，油气孔隙体积变化为 $NB_{oi} \cdot \Delta p$（$c_w S_{wi} + c_f$）（$1 - S_{wi}$），为由束缚水膨胀和岩石体积减小引起的弹性驱动。

（4）净注入的流体体积［水和（或）气体］W_i。

为了确定压力由 p_i 下降到 p 过程中累计产出的标准体积（ΔN），需要考虑以下部分，即 ΔN＝原油膨胀+自由气体膨胀+孔隙体积变化+净注入量。因此

$$\Delta N = \frac{\left\{ N\left[(B_o - B_{oi}) + (R_{si} - R_s)B_g + \Delta p \cdot B_{oi}(c_w S_{wi} + c_f)/(1 - S_{wi}) \right] + W_f \right\}}{\left[B_o + (R_p - R_s)B_g \right]}$$

(4.9)

式中：N 为原油地质储量的体积，bbl；ΔN 为采出油的标准桶体积，bbl；B_{oi} 为油藏初始体积系数，bbl 油藏/bbl 标准；B_o 为低于初始地层压力下的体积系，bbl 油藏/bbl 标准；R_{si} 为初始溶解气油比（GOR），ft^3/bbl；R_s 为低于初始地层压力下的气油比，ft^3/bbl；R_p 为累计产出的气油比，ft^3/bbl；B_g 为天然气体积系数，bbl/ft^3；c_w 为地层水的压缩系数；S_{wi} 为初始束缚水饱和度。上述因素使得压力从 p_i 到 p 的下降过程中产生原油（以 bbl 计）。

为了估算最终采收率，需要假设地面操作条件和井筒水力压降条件下的关井压力。

4.1.4 计算原油地质储量（Havlena-Odeh 分析）

重新整理上述基本方程，如果采用如下简化：

$$F = \Delta N\left[B_o + (R_p - R_s)B_g \right]$$

(4.10)

$$E_o = (B_o - B_{oi}) + (R_{si} - R_s)B_g$$

(4.11)

$$E_g = B_{oi}(B_g/B_{gi} - 1)$$

(4.12)

那么将得到

$$F = N(E_o + mE_g)$$

(4.13)

并且，F 与（$E_o + mE_g$）的曲线图应该是一条直线，其斜率 N＝初始地质储量（单位：bbl）。纵轴代表"采出项"，横轴代表"膨胀项"。在图 4.2 所示的示例中，斜率为 45×10^6 bbl。

如果实际生产的数据点开始偏离假定的地质储量曲线，则可以修改原始处理估计值来拟合实际生产数据（图 4.2）。

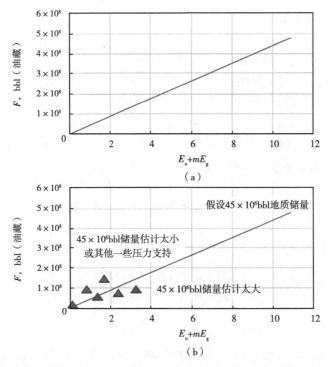

图 4.2　Havlena-Odeh 图（a）和 Havlena-Odeh 诊断图（b）

4.2　利用物质平衡方程计算生产曲线

在上述油、气两种情况下，可以通过物质平衡方程建立累计产量与压力下降之间的关系。在此基础上进行扩展，从而将累计产量与时间联系起来。上述思路可以使用简单的圆柱体模型来实现。"天然气产能下降"的电子表格可用于模拟随时间下降的天然气产量。由此得出的结果是近似估计，但对单井产能的初步估计也是非常有用。

4.2.1　干气藏产量的递减

从柱坐标下［图 2.7（a）］的达西定律出发，计算干气藏产量随时间的递减关系如下：

$$q = Kh \frac{p^2 - p_{\mathrm{w}}^2}{1422 \mu Z T \left[\ln \left(\dfrac{r_{\mathrm{e}}}{r_{\mathrm{w}}} \right) - 1/2 \right]} \tag{4.14}$$

式中，q 单位为 ft^3/d。

$$[q(\mathrm{ft}^3/\mathrm{d}) = 14.7 q(\mathrm{ft}^3/\mathrm{d}) \cdot T(°\mathrm{R})/(p T_{\mathrm{o}}(°\mathrm{R})) q(\mathrm{mol}/\mathrm{d})] = pq(\mathrm{ft}^3/\mathrm{d})/ZRT \tag{4.15}$$

$$n(t + \Delta t) = n(t) - q(t)t \tag{4.16}$$

$$p = ZRT/V_{\mathrm{tank}} \tag{4.17}$$

从初始条件开始，假设 p_{w} 为井底压力（p_{o}），p 为初始储层压力，n（$t=0$）为初始油

58

藏中的初始物质的量，q（t）由式（4.10）计算得出，从式（4.11）可计算出 n（$t+\Delta t$），并由此确定 p（$t+\Delta t$）（时间 $t+\Delta t$ 时的平油藏压力），即式（4.12）。

上述步骤可以在下一个时间段 Δt 中继续进行。

图 4.3 给出了使用电子表格"天然气产能下降"的示例，其中将气体产量显示为时间的函数和累计产量的函数。

这里简化的假设是，在任何时间下整个柱状油藏的平均压力均为已知。式（4.10）中也隐含了参数（$1/\mu Z$）随压力线性变化的假设。可以使用一系列径向连接的柱状油藏来更好地表示实际油藏系统，不过显然这将是一个更复杂的模型，并且这种表征方法是全隐式的，因此求解结果可能是不稳定的。尽管如此，这种模型仍然会用于某些气井建模，特别是页岩气井。

4.2.2 湿气藏产量

湿气藏产量的计算方法与干气藏相同，但需要利用液气比（r_{lg}）计算液体流量：

$$q_{liquid} = q_{gas} r_{lg} \tag{4.18}$$

使用"天然气产能下降–zz"电子表格计算的湿气藏示例如图 4.4 所示。

4.2.3 凝析气藏产量

对于凝析气藏这种更复杂的情况，可以使用另外一个"凝析油产量"电子表格进行计算。

4.2.3.1 衰竭式开发

对于衰竭式开发，凝析气的生产曲线是上述模型的简单扩展，输入为初始产出的凝析气液气比（或其倒数，即产出气油比 GOR）。当压力降到露点压力以下时，液相从储层中析出，使得产生流体气油比增加，因此需要输入 GOR 压力梯度（图 4.5）。现场数据表明，GOR 压力梯度可近似为线性。原始储层气体中重烃组分越多，GOR 梯度则越大。

图 4.6 给出了压力降低时气体和液体典型生产速度的计算结果。在露点压力下，可以看到产液速度的梯度变化。

4.2.3.2 循环注气

在循环注气开发的情况下，从地表分离出来的干气被回注，以保持储层压力在露点以上（尽最大可能这么做），并驱动富气向生产井流动。就简单的径向模型而言，这种驱替效果如图 4.7 所示。该模型假定了一个自锐前缘（即前缘为锋面），有效地实现对富气的活塞式驱替。但是，可以同时输入驱替效率的系数。在 $t+\Delta t$ 时的气体物质的量，通过考虑回注气体进行修正可得

$$n(t + \Delta t) = n(t) - q(t) \left[1 - f(t) \right] t \tag{4.19}$$

式中，f 为回注气体与在驱替作用下所产出气体的百分比（即回注驱替比例）。在循环注入气体的情况下，回注驱替比例决定了储层压力的维持程度。

天然气销售是在去除回注的天然气和生产的原油后计算得到的气体体积，销售的天然气与衰竭式开发的情况一样，需要使用凝析油与天然气比率进行计算。富气被完全驱替之后，会有一个排气期。利用电子表格"凝析油"以及相关输入和输出进行计算的示例（其中回注驱替比例为 50%）如图 4.8 所示。

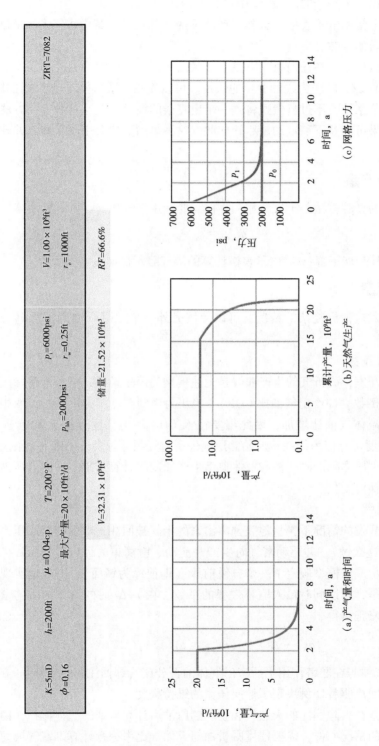

图4.3 干气藏衰竭开发——输入和输出示例

K=5mD   h=200ft   μ=0.04cp   T=200°F   p_i=6000psi   V=1.00×10⁸ft³   ZRT=7082
φ=0.16   最大产量=20×10⁶ft³/d   p_bh=2000psi   r_w=0.25ft   r_e=1000ft

V=32.31×10⁹ft³   储量=21.52×10⁹ft³   RF=66.6%

(a) 产气量和时间   (b) 天然气生产   (c) 网格压力

60

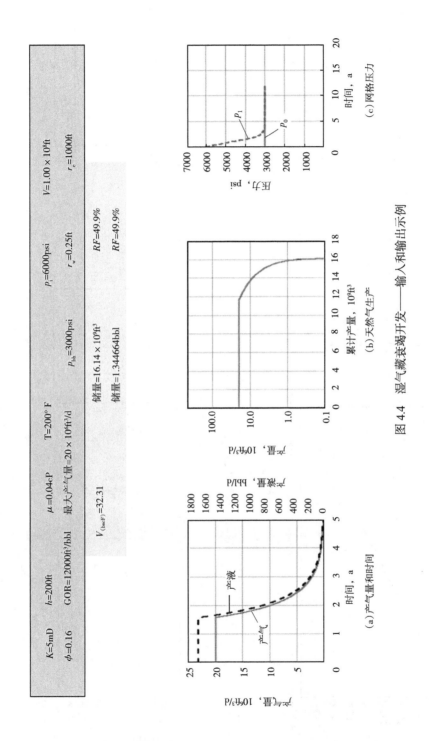

$K=5mD$ $h=200ft$ $\mu=0.04cP$ $T=200°F$ $p_i=6000psi$ $V=1.00\times10^8ft$

$\phi=0.16$ GOR=12000ft³/bbl   最大产气量=20×10⁶ft³/d $p_{bh}=3000psi$ $r_w=0.25ft$ $r_e=1000ft$

储量=16.14×10⁹ft³   RF=49.9%

储量=1.344664bbl   RF=49.9%

$V_{(1bscF)}$=32.31

(a) 产气量和时间

(b) 天然气生产

(c) 网格压力

图 4.4 湿气藏衰竭开发——输入和输出示例

61

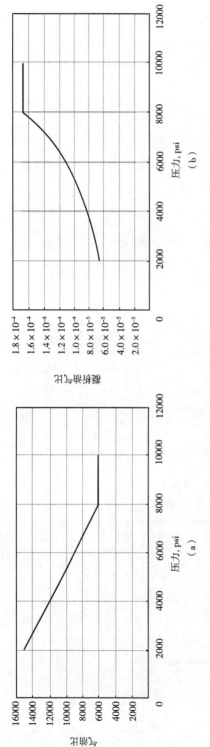

图 4.5 典型的生产油气比（a）和凝析油气比（b）随压力的典型变化

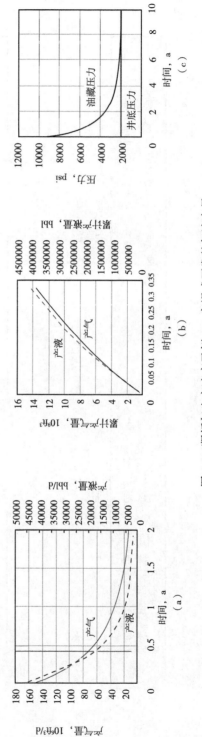

图 4.6 凝析气生产速率示例——衰竭式开发的气液产量

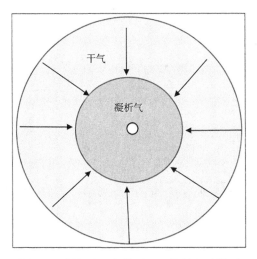

图 4.7　凝析油开发模型——简单驱油模型

图 4.9 所示案例为选择从 0 ~ 100% 不同的回注驱替比例所得到的不同结果，液体采收率随着回注驱替比例的增加而增加。

4.2.4　油藏产量的时间函数

这里，使用基于黑油模型的方法表征油藏产量。基于达西定律可得到产量 q 作为时间函数的方程：

$$q = \frac{Kh(p - p_w)}{141.2\mu \ln\left(\dfrac{r_e}{r_w}\right)} \qquad (4.20)$$

如果忽略注入或注水量，同时忽略岩石和地层水的膨胀效应，由式（4.9）得出的物质平衡可得

$$\Delta N = N\left[(B_o - B_{oi}) + (R_{si} - R_s)B_g \right] \qquad (4.21)$$

假设在整个所考虑过程中油藏为欠饱和油藏。从而可以做出如下简单线性关系（图 4.10）的假设，即

当 $p > p_b$ 时，有

$$B_o = m_1(p_b - p) + B_o(p_b) \qquad (4.22)$$

$$R_s = R_{si} \qquad (4.23)$$

当 $p < p_b$ 时，有

$$B_o = m_2(p - p_b) + B_o(p_b) \qquad (4.24)$$

$$R_s = m_3(p - p_b) + R_{si} \qquad (4.25)$$

对于天然气而言，有

$$B_g = n_1/p = 5.044/(pZT) \qquad (4.26)$$

本章提供基于上述内容的 Excel 电子表格（"溶解气驱"）。

该模型的输出结果示例如图 4.11 所示，其中初始储层压力为 5000psi，泡点压力为 4000psi。

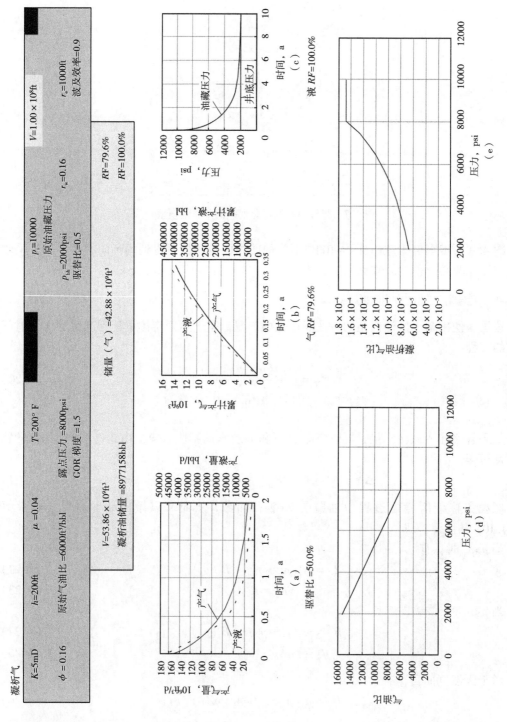

图 4.8　Excel 电子表格示例——凝析油及相关输入和输出

64

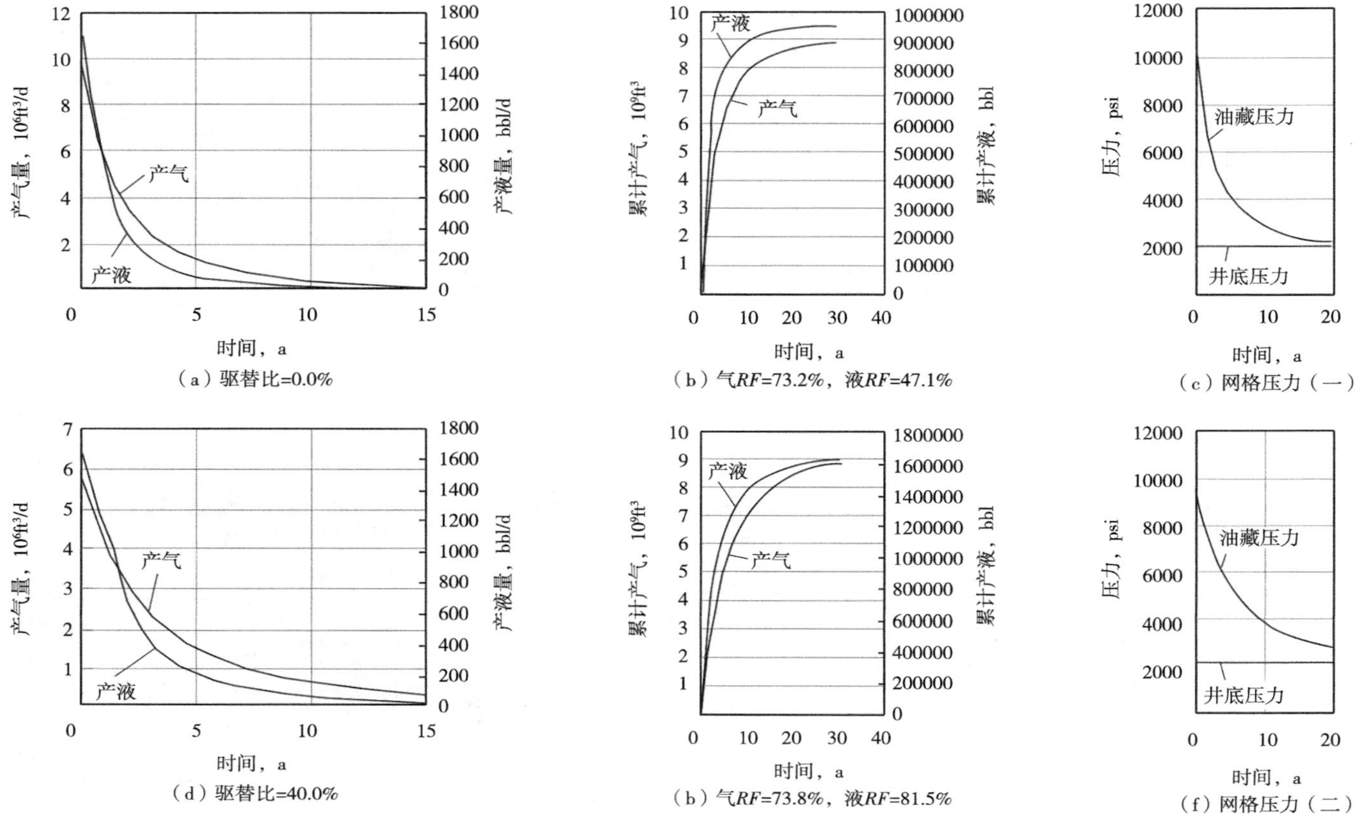

时间，a

（c）网格压力（一）

压力，psi

油藏压力

井底压力

12000
10000
8000
6000
4000
2000

20
10
0

时间，a

（f）网格压力（二）

压力，psi

油藏压力

井底压力

12000
10000
8000
6000
4000
2000

20
10
0

累计产液，bbl

产液

产气

（b）气RF=73.2%，液RF=47.1%

累计产气，10⁶ft³

时间，a

1000000
900000
800000
700000
600000
500000
400000
300000
200000
100000
0

40
30
20
10
0

10
9
8
7
6
5
4
3
2
1

累计产液，bbl

产液

产气

（b）气RF=73.8%，液RF=81.5%

累计产气，10⁶ft³

时间，a

1800000
1600000
1400000
1200000
1000000
800000
600000
400000
200000
0

40
30
20
10
0

10
9
8
7
6
5
4
3
2
1

产液量，bbl/d

产气

产液

（a）驱替比=0.0%

产气量，10⁶ft³/d

时间，a

1800
1600
1400
1200
1000
800
600
400
200
0

15
10
5
0

12
10
8
6
4
2

产液量，bbl/d

产气

产液

（d）驱替比=40.0%

产气量，10⁶ft³/d

时间，a

1800
1600
1400
1200
1000
800
600
400
200
0

15
10
5
0

7
6
5
4
3
2
1
0

图 4.9 循环注气的气体和液体产率示例

65

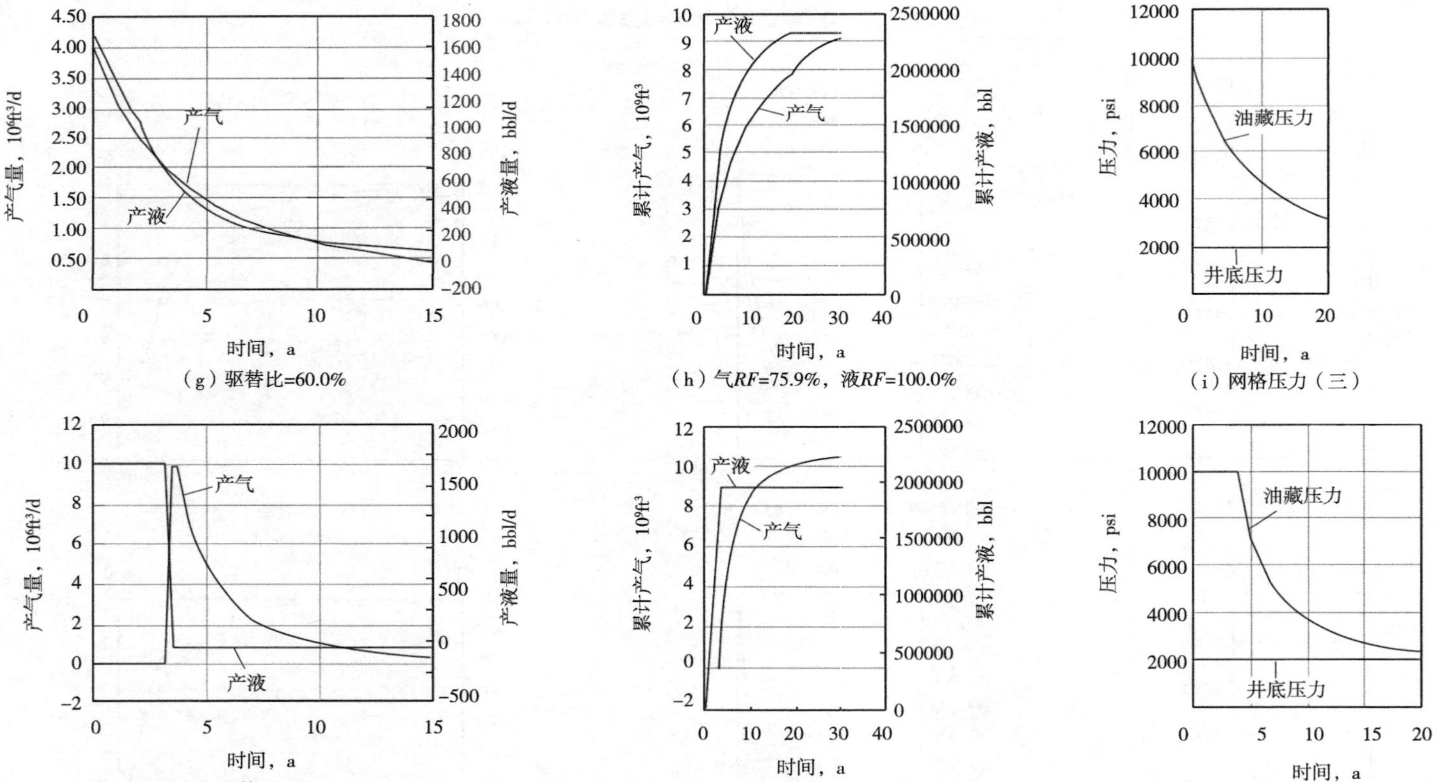

油藏压力

井底压力

压力，psi

12000 10000 8000 6000 4000 2000

时间，a

(i) 网格压力（三）

油藏压力

井底压力

压力，psi

12000 10000 8000 6000 4000 2000

时间，a

(l) 网格压力（四）

累计产液，bbl

2500000 2000000 1500000 1000000 500000 0

产气

产液

累计产气，10⁹ft³

10 9 8 7 6 5 4 3 2 1

时间，a

(h) 气RF=75.9%，液RF=100.0%

累计产液，bbl

2500000 2000000 1500000 1000000 500000 0

产气

产液

累计产气，10⁹ft³

12 10 8 6 4 2 0 -2

时间，a

(k) 气RF=86.6%，液RF=97.2%

产液量，bbl/d

1800 1600 1400 1200 1000 800 600 400 200 0 -200

产气

产液

产气量，10⁶ft³/d

4.50 4.00 3.50 3.00 2.50 2.00 1.50 1.00 0.50

时间，a

(g) 驱替比=60.0%

产液量，bbl/d

2000 1500 1000 500 0 -500

产气

产液

产气量，10⁶ft³/d

12 10 8 6 4 2 0 -2

时间，a

(j) 驱替比=100.0%

图 4.9 循环注气的气体和液体产率示例（续）

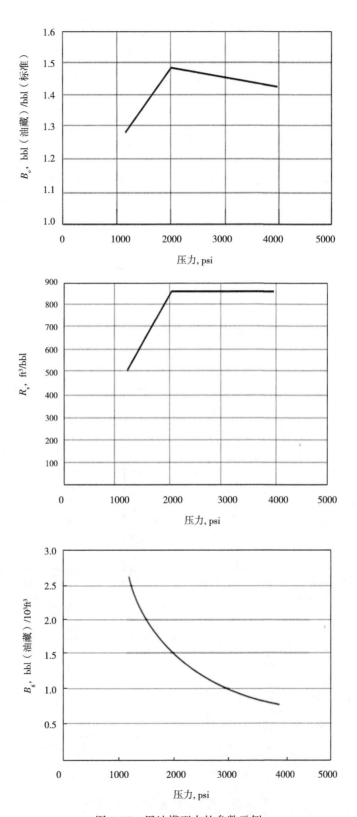

图 4.10　黑油模型中的参数示例

在泡点压力以上，由于原油的压缩系数很小，产油量也非常有限，如图 4.11 所示。

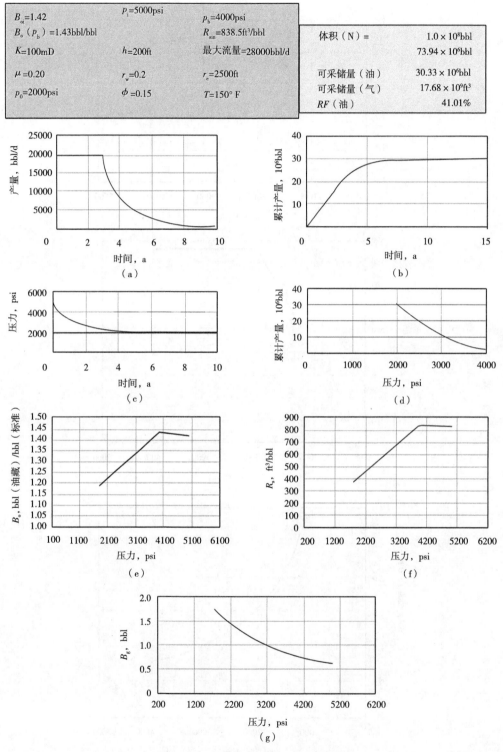

图 4.11　电子表格输入和输出示例

4.3 利用解析方程确定水驱动态

4.3.1 前缘移动方程

这里，假设各相流体之间没有质量传递、流体为不可压缩且系统为均值（图4.12）。如果 q_w 为水的流动速率、q_o 为油的流动速率、ρ_w 为水的密度、ρ_o 为油的密度、S_w 为水的饱和度以及 ϕ 为孔隙度，则

$$(q_w\rho_w)_x - (q_w\rho_w)_{x+\Delta x} = A\phi\frac{\partial}{\partial t}(S_w\rho_w) \cdot \Delta x \tag{4.27}$$

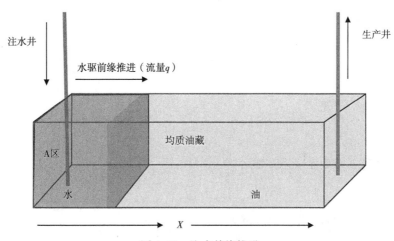

图4.12 注水前缘推进

$$流入水质量-流出水质量=水的质量累积率$$

$$(q_w\rho_w)_x - (q_w\rho_w)_{x+\Delta x} = -\Delta(q_w/\rho_w)/\Delta x = \frac{\partial}{\partial x}(q_w\rho_w) \qquad (当 \Delta x 趋近于 0) \tag{4.28}$$

因此

$$\frac{\partial}{\partial x}(q_w\rho_w) = -A\phi\frac{\partial}{\partial t}(S_w\rho_w) \tag{4.29}$$

由于假设水的密度（ρ_w）为常数，因此有

$$\frac{\partial}{\partial x}(q_w) = -A\phi\frac{\partial}{\partial t}(S_w) \tag{4.30}$$

重新整理可得

$$\left(\frac{\partial S_w}{\partial t}\right)x = -\frac{1}{A\phi}\left(\frac{\partial q_w}{\partial x}\right)t \tag{4.31}$$

将 q_w 视为饱和度 S_w 的函数，因此

$$\left(\frac{\partial S_w}{\partial t}\right)x = -\frac{1}{A\phi}\left(\frac{\partial q_w}{\partial S_w}\right)t \cdot \left(\frac{\partial S_w}{\partial x}\right)t \tag{4.32}$$

$$S_{\mathrm{w}} = f(x, \ t)$$

所以

$$\mathrm{d}S_{\mathrm{w}} = \left(\frac{\partial S_{\mathrm{w}}}{\partial x}\right)t + \left(\frac{\partial S_{\mathrm{w}}}{\partial t}\right)x \qquad (4.33)$$

对于固定饱和度 S_{w}, $\mathrm{d}S_{\mathrm{w}} = 0$, 有

$$\left(\frac{\partial S_{\mathrm{w}}}{\partial x}\right)t = -\left(\frac{\partial S_{\mathrm{w}}}{\partial t}\right)x \qquad (4.34)$$

针对常数 S_{w} 对 t 进行微分, 有

$$\left(\frac{\partial S_{\mathrm{w}}}{\partial x}\right)t \cdot \left(\frac{\partial x}{\partial t}\right)S_{\mathrm{w}} = -\left(\frac{\partial S_{\mathrm{w}}}{\partial t}\right)x \qquad (4.35)$$

整理上式可得

$$\left(\frac{\partial x}{\partial t}\right)S_{\mathrm{w}} = \frac{1}{A\phi}\left(\frac{\partial q_{\mathrm{w}}}{\partial S_{\mathrm{w}}}\right)t \qquad (4.36)$$

这里定义:

$$f_{\mathrm{w}} = \frac{q_{\mathrm{w}}}{q_{\mathrm{w}} + q_{\mathrm{t}}} \qquad (4.37)$$

为水的分流量方程, 其中 q_{t} = 总流量 = $q_{\mathrm{w}} + q_{\mathrm{o}}$,

$$q_{\mathrm{w}} = q f_{\mathrm{w}} \qquad (4.38)$$

由于流体是不可压缩的, 因此相对于常数 S_{w}, 有

$$\left(\frac{\partial x}{\partial t}\right)S_{\mathrm{w}} = \frac{q_{\mathrm{t}}}{A\phi}\left(\frac{\partial f_{\mathrm{w}}}{\partial S_{\mathrm{w}}}\right)t \qquad (4.39)$$

这就是 Buckley-Leverett 方程, 是油藏工程中的一个关键方程, 它给出了给定含水饱和度前缘的推进速度, 即前缘推进速度作为总流速和分流量 f_{w} 对于含水饱和度的导数的函数。

这里的关键项是含水率 f_{w}, 其中

$$u_{x} = -\frac{K}{\mu} \cdot \frac{\mathrm{d}\varphi}{\mathrm{d}x} \qquad (4.40)$$

且有

$$\varphi = p + \rho g D \qquad (4.41)$$

式中: φ 为流动势能; ρ 为密度; D 为深度。

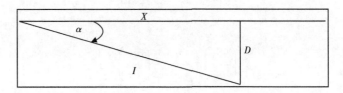

$$u = -\frac{K}{\mu} \cdot \frac{\mathrm{d}p}{\mathrm{d}x} + \rho g \sin\alpha \qquad (4.42)$$

然后进行一些变换可得

$$f_w = u_w / (u_w + u_o) \tag{4.43}$$

且有

$$f_w = \frac{1 + \left(u \dfrac{KK_w}{u_t \mu_o} \right) g \Delta\rho \sin\alpha}{1 + \dfrac{\mu_w K_{ro}}{\mu_o K_{rw}}} \tag{4.44}$$

或在现场单位制中，有

$$f_w = \frac{1 - 0.001127 KK_{ro} A \left[0.4335(\gamma_w - \gamma_o)\sin\alpha \right] / q_T \mu_o}{1 + \dfrac{\mu_w K_{ro}}{\mu_o K_{rw}}} \tag{4.45}$$

式中：A 为横截面积（储层厚度×储层宽度）；α 为倾角；γ_w 为水的相对密度；γ_o 为油的特定重力。对于水平流动：

$$f_w = \frac{1}{1 + \dfrac{\mu_w K_{ro}}{\mu_o K_{rw}}} \tag{4.46}$$

Buckley-Leverett 方程可以在时间上进行积分：

$$x(S_w) = \left(\frac{\mathrm{d}f_w}{\mathrm{d}S_w} \right) S_w \tag{4.47}$$

$Q(t)$ 为截至时间 t 时注入的总体积。$\left(\dfrac{\mathrm{d}f_w}{\mathrm{d}S_w} \right)$ 是相对渗透率和黏度比的函数。典型的油水相对渗透率如图 4.13（a）所示。

利用上述油水黏度比和一定范围内的相对渗透率，可以得出如图 4.13（b）所示的分流量曲线。较高的油水黏度比会得到更陡的分流量曲线，这会导致较差的原油采收率。

对于相同的黏度比范围，图 4.14 显示了水相分流量函数相对于水相饱和度的导数。对于给定含水饱和度的推进速度与分流量导数 $\dfrac{\mathrm{d}f_w}{\mathrm{d}S_w}$ 这个导数成正比。

上述整个曲线在物理上是不现实的，因为我们不能在一个分流量导数值下对应有两个含水饱和度。实际发生的情况是存在一个前缘锋面，下面将详细讨论。

4.3.1.1 活塞式驱替

如果考虑到注水井的位置，对于活塞式驱替，中间没有油和水的混合，并且注水前缘随着水的持续注入而不断向前推进（图 4.15）。这将是一个理想的情况，这种情况下所有可流动原油都将被驱替到生产井。

4.3.1.2 自锐前缘

如果我们考虑图 4.18（Buckley-Leverett 方程），可以看出，整个曲线在物理实际中是不现实的，因为我们不能在一个函数点上有两个对应水饱和度。实际发生的情况是，在中等水饱和度时，具有较高前缘推进速度的含水饱和度将会超过前缘速度较低的含水饱和度，结果是形成了锐化的饱和度前缘，即前缘锋面（图 4.16）。从图 4.16 可以看出，这

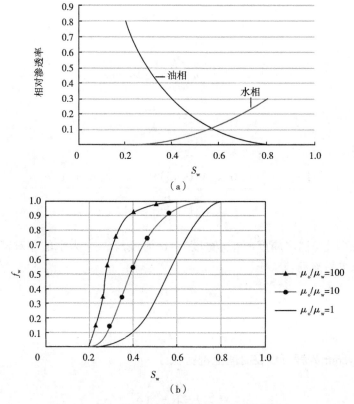

图 4.13　相对渗透率曲线（a）和分流量曲线（b）

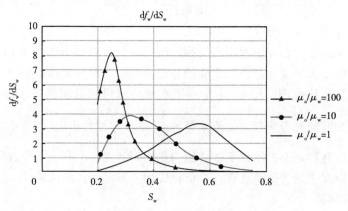

图 4.14　分数流的导数

种现象发生在具有较低油水黏度比的系统中含水饱和度较高的区域，因此低油水黏度比比高油水黏度比的系统具有更高的原油采收率。

4.3.1.3　非锐化系统

在较低的含水饱和度下（特别是对于原油黏度较高的系统，如图 4.17 所示），$\dfrac{\mathrm{d}f_w}{\mathrm{d}S_w}$ 的值较高，这种情况将得到非锐化的系统。

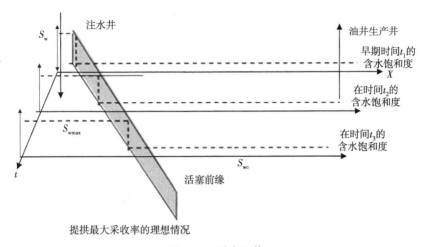

图 4.15　活塞驱替

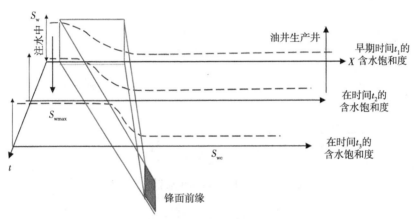

这种情况发生在当较高的含水饱和度推进速度比较低的含水饱和度推进速度快的情况下，
采收率好

图 4.16　自锐前缘

因此，一般而言，如果较高的含水饱和度（注水后）具有较高的前缘推进速度，将会形成自锐化系统，而在较高含水饱和度（注水后）具有较低的前缘推进速度的情况下，将会形成非锐化系统（图 4.18）。

因此，曲线的适用范围是在 $S_w = S_{wf}$ 和 $S_w = 1-S_{or}$ 之间，其中 S_{wf} 是水驱前缘锋面的饱和度。

为了确保质量守恒，需要相互抵消 Buckley-Leverett 图中的相等区域 A 和 B，以确定前缘饱和度 S_{wf}，如图 4.18 所示。

Welge 提出一个更进一步的计算方法：将饱和度分布从 $x=0$ 积分到水驱前缘，可以看出水分流量曲线的切线将给出 S_{wbt}（水驱前缘的含水饱和度）和水驱前缘上游（注入端到前缘之间）的平均含水饱和度 S_w（图 4.19）。

S_w（平均含水饱和度）可用于确定给定时间的采油量。

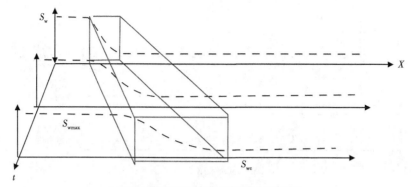

石油开采效果较差的案例，留下了大量的石油

图 4.17 非锐化前缘

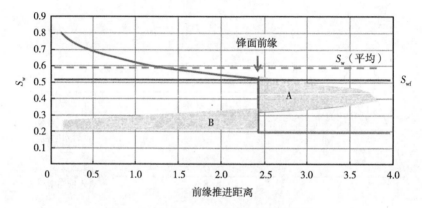

图 4.18 Buckley-Leverett 水驱前缘计算

4.3.1.3.1 计算步骤

（1）绘制分流量方程曲线。

（2）绘制分流量曲线的切线。

（3）得到切线的切点 S_{wbt}。

（4）延伸切线至 $f_w = 1$，交点可以确定前缘突破时间 t_{bt} 时水驱前缘上游的平均水饱和度 S_w（平均）$= \bar{S}_w$。

4.3.1.3.2 任意给定含水饱和度前缘的 S_w

任意前缘饱和度 S_w 对应的位置为

$$x_{S_w} = \frac{Q(t)}{A\phi} \cdot \left(\frac{\mathrm{d}f_w}{\mathrm{d}S_w}\right)_{S_w} \tag{4.48}$$

或者如果流速 q 是一个时间的常数，则 $Q(t) = qt$：

$$x_{S_w} = \left(q\frac{t}{A\phi}\right) \cdot \left(\frac{\mathrm{d}f_w}{\mathrm{d}S_w}\right)_{S_w} \tag{4.49}$$

在现场单位制中

$$x_{S_w} = \left(5.615q\,\frac{t}{A\phi}\right) \cdot \left(\frac{\mathrm{d}f_w}{\mathrm{d}S_w}\right)_{S_w} \tag{4.50}$$

式中：Q 为恒定注水速度，bbl/d；t 为时间，d；A 为面积，ft^2。

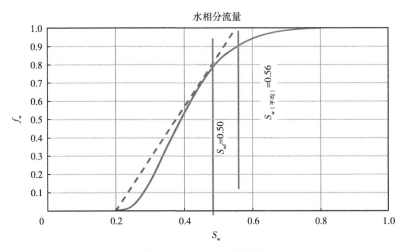

图 4.19 Welge 切线曲线

4.3.2 水驱前缘突破时间

由于水驱前缘突破时间（t_{bt}）之前不产水，注入的总水量等于多孔体积内的水量变化，因此

$$q_{inj}t_{bt} = \phi Al(\overline{S}_w - S_{wc}) \tag{4.51}$$

或者

$$t_{bt} = \frac{\phi Al(\overline{S}_w - S_{wc})}{q} \tag{4.52}$$

式中，S_w 为突破前缘上游的平均含水饱和度（根据切线图），在现场单位中可表示为

$$t_{bt} = \frac{\phi Al(\overline{S}_w - S_{wc})}{5.615q} \tag{4.53}$$

4.3.3 波及效率和前缘突破时的采收率

前缘突破时的波及效率由式（4.54）得出

$$E = \frac{\overline{S}_w - S_{wc}}{1 - S_{wc}} \tag{4.54}$$

前缘突破时的采收率则为

$$RF = \overline{S}_w - S_{wc} \tag{4.55}$$

"流度比"是一种可以用来衡量潜在波及效率的参数，它是驱替流体的流动性与被驱替流体的流动性之比。流度比是无量纲的参数，由式（4.56）给出

$$M = \frac{K_w(S_{or})/\mu_w}{K_o(S_{wc})/\mu_o} \tag{4.56}$$

流度比的值可以用来衡量预期的波及效率。如果驱替相比被驱替相流动性更好，这是一种不利于石油开采的情况。我们可以认为：$M>1$ 表示不利驱替；$M<1$ 表示有利驱替。

4.3.4　生产速度

在水驱前缘突破之前，油藏只产出原油，因此，如果注水过程保持油藏压力不变，则产油速度等于注水速度（为简单起见，假设在储层条件下油和水密度近似相等）。水驱前缘突破时含水饱和度由 0 上升到 S_{wbt}，采出油饱和度由 1.0 下降到 $1-S_{wbt}$，产油速度相应下降。

随着含水突破，产油速度随着含水饱和度的增加而下降。利用图 4.20 所示分流量曲线的顶部，产油速度随时间变化可以通过数值方法进行估算。

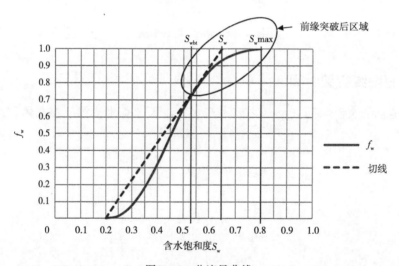

图 4.20　分流量曲线

上述方法将水的分流量方程与含水饱和度关联起来，不仅如此，还需要将其与时间关联起来。这可以通过使用 S_w 中的逐级增量和 S_w 随时间的导数来完成。可用水驱 Excel 表格，得到的计算结果可得到如图 4.21 所示的示例。

如果考虑到 Buckley-Leverett/Welge 方法的近似特性的本质，那么在水驱前缘突破后的时期，使用简单的递减规律可能更为合适。如果突破时含水率很高，则采用指数式递减曲线（$b=0$）是合适的；但是，当含水饱和度突破较低时，可以合理使用下降较慢的调和递减曲线（$b=1$）。上述计算可利用提供的电子表格完成（水驱油和产油总量——见第 8章油藏评估与开发规划），在该表格中输入相对渗透率和黏度等，可将切线与生成的分流量曲线相切，并读取 S_{wbt}，$\bar{S}_w$ 和 S_{wc}。这些可与上述公式一起用于计算突破时间，并随后输入至 "aggregation-vs" 电子表格，以获得生产曲线（图 4.21）。

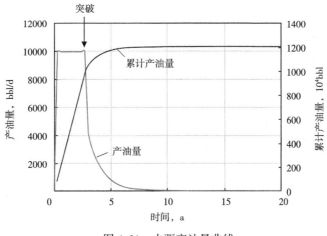

图 4.21　水驱产油量曲线

使用上述解析方法计算的采收率是理想状态下的结果，这一点需要理解，而实际情况下的采收率通常会比上述计算小得多，主要原因是储层的非均质性会导致水驱前缘出现指进现象。

4.3.5　水驱过程计算的 Excel 表格

水驱过程计算中的输入与输出电子表格示例如图 4.22 所示。

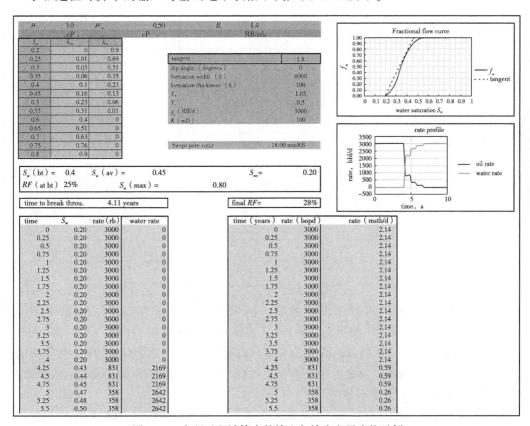

图 4.22　水驱过程计算中的输入与输出电子表格示例

4.4 思考与练习

Q4.1（1） 如果欠饱和油藏的原始储量为 2×10^8 bbl，同时忽略了任何底水侵入的流量和孔隙体积变化，则使用以下数据计算出初始压力为 2000psi 至最终压力为 800psi 时可能采出的原油总量（bbl）：初始油层体积膨胀系数为 1.467bbl（油藏）/bbl（标准），最终压力下的原油体积膨胀系数 1.278bbl（油藏）/bbl（标准），初始压力下的溶解气油比为 834ft³/bbl，最终压力下的溶解气油比为 464ft³/bbl。假设 $B_g = 0.004$ bbl/ft³ 和 R_p（产生的 GOR）= 800ft³/bbl。

（2） 理论上的采收率是多少？那些因素会使实际采收率低于理论值？

Q4.2 如果我们有一个初始压力为 3000psi、最终压力为 1000psi、温度为 150℉的 200×10^9 ft³（地面条件）气田的储层，最终可采出的天然气体积是多少？使用如图 2.40（b） 所示的压缩性图版。

Q4.3 下表所示为油水两相的相对渗透率。如果水黏度为 0.5mPa·s，油黏度为 2mPa·s，那么对于水平系统，使用提供的 Excel 表格（"waterflood"）和 Welge 切线法来估计水驱前缘的含水饱和度和前缘上游的平均含水饱和度。计算水驱前缘突破时的采收率。

S_w	K_{rw}	K_{ro}
0.20	0	0.800
0.25	0.002	0.610
0.30	0.009	0.470
0.35	0.020	0.370
0.40	0.033	0.285
0.45	0.051	0.220
0.50	0.075	0.163
0.55	0.100	0.120
0.60	0.132	0.081
0.65	0.170	0.050
0.70	0.208	0.027
0.75	0.251	0.010
0.80	0.300	0

Q4.4 利用 Buckley-Leverett 方程推到给定含水饱和度的推进速度随时间变化的函数。

Q4.5 使用 Q4.3 中的相对渗透率表格。如果水的黏度为 0.5mPa·s 和油黏度为 5.0mPa·s，对于水平系统，使用提供的 Excel 表格（"waterflood"）和 Welge 切线法来估计水驱前缘突破时间、水驱前缘的含水饱和度和前缘上游的平均含水饱和度。计算突破时的采收率。假设波及面积内原油为 18×10^6 bbl，注水速度为 10000bbl/d，计算最终采收率。绘制生速度随时间变化的曲线图。

Q4.6 下表显示了油湿系统和水湿系统的油水相对渗透率。假设水黏度为 0.5mPa·s，油黏度为 5.0mPa·s，对于水平系统，使用提供的 Excel 表格（"waterflood"）和 Welge

切线法来估计水驱前缘的含水饱和度、前缘上游的平均含水饱和度、水驱前缘突破时间以及突破时的最终采收率。

水湿系统		
S_w	K_{rw}	K_{ro}
0.20	0	0.90
0.25	0	0.76
0.30	0.01	0.63
0.35	0.03	0.51
0.40	0.04	0.40
0.45	0.07	0.31
0.50	0.10	0.23
0.55	0.14	0.16
0.60	0.18	0.10
0.65	0.23	0.06
0.70	0.28	0.03
0.75	0.34	0.01
0.80	0.40	0
油湿系统		
S_w	K_{rw}	K_{ro}
0.20	0	0.90
0.25	0.01	0.69
0.30	0.03	0.51
0.35	0.06	0.35
0.40	0.10	0.23
0.45	0.16	0.13
0.50	0.23	0.06
0.55	0.31	0.01
0.60	0.40	0
0.65	0.51	0
0.70	0.63	0
0.75	0.76	0
0.80	0.90	0

Q4.7 使用 Excel 表格 "gas decline" 对干气井进行模拟，假设渗透率为 8mD，完井长度为 140ft，气体黏度 = 0.04mPa·s，孔隙度为 0.16。假设初始油藏压力为 6500psi，开发半径为 1000ft，井筒半径为 0.25ft。井底压力为 2000psi，储层温度为 200 ℉ 。

计算气井产量曲线、累计产量、储量和采收率。

Q4.8 利用 Q4.7 中的所有数据及气油比 GOR 为 12000ft³/bbl，使用 Excel 表格 "gas decline" 对湿气井进行模拟。

计算气井产量曲线、累计产量、储量和采收率。

Q4.9 使用 Excel 表格 "solution gas drivr-zz" 对油井进行建模，假设如下信息：$B_{oi} = 1.42$bbl（油藏）/bbl（标准），B_o（p_b）= 1.43bbl（油藏）/bbl（标准），$R_{si} = 838.5$ft³/bbl。初始油藏压力为5000psi，泡点压力为3000psi。渗透率为50mD，完井厚度为150ft，油黏度0.2mPa·s。驱替半径为2000ft，井筒半径为0.25ft。井底压力为1500psi，孔隙度×（$1-S_{wc}$）= 0.15，储层温度为150℉。

计算产量曲线、累计产量、储量和采收率。

4.5 拓展阅读

L.P. Dake, Fundamentals of Reservoir Engineering, Elsevier, 1978.

4.6 相关 Excel 表格

气藏压降。
凝析气。
溶解气驱。
水驱。

第 5 章　油藏数值模拟方法和产能预测

现代油藏工程的工作内容主要是通过使用油藏数值模拟软件来实现。随着运算速度的不断提高，油藏数值模拟软件在模拟油藏流体流动、计算任一时刻流体饱和度分布、分析和预测油藏动态等方面的计算性能和重要程度也在快速提高。

5.1　油藏数值模拟软件的基本结构

在已知地质构造的基础上构建油藏地质模型，将油藏整体划分为数百、数千、甚至上万个离散网格单元。这些网格单元可以具有不同的几何形状，特定的岩石属性［体积、孔隙度、净毛比（NTG）、渗透率、岩石压缩性等］。如图 5.1 所示，这些网格内填充了已知饱和度的储层流体：油、气、水。除此之外还需定义包括相对渗透率、毛细管压力、PVT（压力、体积和温度）特性、地层体积系数、密度、黏度等流体物性和界面性质。所有网格都有联通界面，从而允许油、气、水三相流体之间交换或流动（图 5.2）。

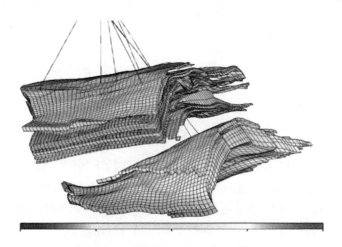

图 5.1　数值模型中的网格示意图

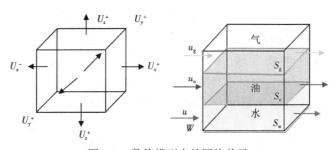

图 5.2　数值模型中的网格单元

5.2 油藏数值模型的分类

5.2.1 网格类型

在进行油藏模型的网格划分时，可以沿着笛卡尔坐标或径向坐标来完成。依此得到的网格通常被称作结构化网格（图 5.3）。

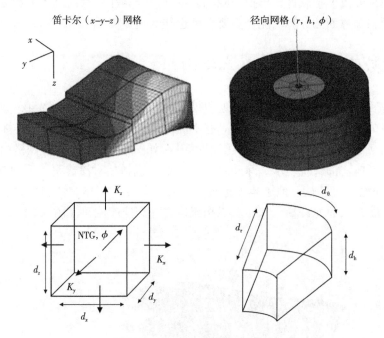

笛卡尔（x-y-z）网格　　　　　　　　径向网格（r, h, ϕ）

图 5.3　笛卡尔网格和径向网格

其他类型网格包括非结构化网格或称为 PEBI 网格的不规则网格。

对于油藏数值模拟，可以通过使用不同类型的网格，定义网格性质和几何形态，表征影响流动的主要地质特征（例如断层、裂缝等）和井筒参数。另外，还可以通过不同的优化方法，使用泰森多边形（Voronoi Tessellations）进行网格离散。

5.2.2 流体运移类型

按照流体运移方程的基本假设，油藏数值模型可分为以下两类（图 5.4）。

（1）组分模型。在组分模型中，运动方程描述的是各组分的运移（例如甲烷、乙烷等）。组分可以在不同的相态（油、气、水）之间交换。各相流体的 PVT 性质通过 EOS（状态方程）和化学势平衡方程计算得到。

（2）黑油模型。在黑油模型中，运动方程仅描述各相流体（油、气、水）的运动，并假设气水之间没有质量交换；油水之间没有质量交换；气可以从油相中分离和溶解，但油不能挥发进入气相，气也不能凝析成为油相。油和气的体积系数（FVF）以及溶解气油比（GOR）都是压力的函数，在模拟之前就已确定，为输入参数。

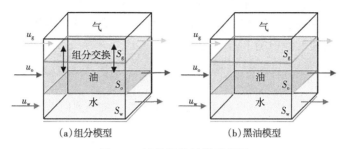

图 5.4 流体运移过程示意图

5.3 控制方程

5.3.1 质量守恒方程

$$\nabla \cdot (\rho u) + Q_{well} = \frac{\partial (\phi \rho)}{\partial t} \tag{5.1}$$

在三维笛卡尔坐标系中可以写为

$$\frac{\partial \rho u_x}{\partial x} + \frac{\partial \rho u_y}{\partial y} + \frac{\partial \rho u_z}{\partial z} + Q_{well} = -\frac{\partial (\phi \rho)}{\partial t} \tag{5.2}$$

式（5.2）也称为连续性方程。其中：ρ 为密度；ϕ 为孔隙度；u 为速度；Q_{well} 为从井中流入或流出网格的质量流量。

此质量守恒方程的物理意义是指，流入单元体的流体质量速度—流出单元体的流体质量速度+从井内流入或流出至单元体的流体质量速度=同一时间段内单元体内部流体质量的变化量。

5.3.2 动量守恒方程

从第 1 章可知

$$\nabla \overline{p}^{-V} + \nabla \cdot \overline{\sigma}^V = \frac{1}{V_f} \int_{A_{fs}} \Psi_s \cdot \mathrm{d}A + \int_V \rho F \mathrm{d}V \tag{5.3}$$

该等式表示流体在通过多孔介质时，在单元体内稳态流动期间达到的力学平衡（由压力梯度和重力引起）。

通过各种简化假设，这个等式可以简化为达西定律：

$$\nabla_p = -\frac{\mu}{K}u + \rho g \nabla z \tag{5.4}$$

5.3.3 热力学关系

一个系统可能由于以下的一个或两个原因而发生自发热力学过程：

（1）降低系统内能。

（2）增大系统熵值。

对于烃类混合物，这些关系将决定各组分在不同相态中的分布（气和油）和这些相的 PVT 特性。在油藏模拟中，储层流体的这些特性可以通过输入流体的 EOS（状态方程）（参见第 1 章）或黑油模型中的 PVT 关系表定义。

5.3.4　扩散方程

如果我们结合油、水和气的质量守恒和达西方程，将得到以下扩散方程式。

5.3.4.1　黑油模型的扩散方程

对于油相：

$$\nabla \cdot \left[\frac{KK_{ro}}{\mu_o B_o} (\nabla p_o - \gamma_o \nabla z) \right] + Q_o = \phi \frac{\partial \left(\dfrac{S_o}{B_o} \right)}{\partial t} \tag{5.5}$$

对于水相：

$$\nabla \cdot \left[\frac{KK_{rw}}{\mu_w B_w} (\nabla p_w - \gamma_w \nabla z) \right] + Q_o = \phi \frac{\partial \left(\dfrac{S_w}{B_w} \right)}{\partial t} \tag{5.6}$$

对于气相：

$$\nabla \cdot \left[\frac{KK_{rg}}{\mu_g B_g} (\nabla p_g - \gamma_g \nabla z) \right] + \nabla \cdot \left[\frac{KK_r R_s}{\mu_o B_o} (\nabla p_o - \gamma_o \nabla z) \right] + R_s Q_o + Q_g$$

$$= \phi \frac{\partial \left(\dfrac{S_g}{B_g} \right)}{\partial t} + \phi \frac{\partial \left(\dfrac{S_o R_s}{B_o} \right)}{\partial t} \tag{5.7}$$

式中：K 为绝对渗透率；K_{ro}，K_{rw} 和 K_{rg} 是各相的相对渗透率；γ_o，γ_w 和 γ_g 为相密度；S_w 和 S_o 为相饱和度；B_w，B_o 和 B_g 为相体系数；R_s 为溶解气油比。这里的气相包括溶解在油相中的溶解气。

5.3.4.2　组分模型

对于组分 i，物质平衡方程为（假设此组分能够存在于所有相态 k 之中）：

$$\sum_k^n \rho^k x_i^k \ \nabla \cdot u_k + Q_i = \phi \frac{\partial}{\partial t} \left(\sum_k^n \rho^k x_i^k S^k \right) \tag{5.8}$$

使用达西方程表示流体相 k 的流速 u_k，并带入上述方程得

$$\sum_k^n \rho^k x_i^k \ \nabla \cdot \left[\frac{KK_r k}{\mu_k} (\nabla p - \gamma K \nabla z) \right] + Q_i = \phi \frac{\partial}{\partial t} \left(\sum_k^n \rho^k x_i^k S^k \right) \tag{5.9}$$

式中：k 为流体相态，$k=1$，2，…，n；ρ^k 为相 k 的摩尔密度；x_i^k 为相 k 中组分 i 的摩尔分数；μ_k 为相 k 的黏度；Q_i 为组分 i 的源或汇；S^k 为相 k 的饱和度。

上述等式左边第一项表示通过单元体界面进入或离开单元体的相 k 的质量；第二项表示通过井进入或离开单元体的相 k 的质量；等式右边表示同一时间间隔内单元体内相 k 的质量的变化量。

这些方程可被直接用于黑油模型。对于组分模型，所有相态的 PVT 特性和相态的组分

组成均由该单元体压力下的状态方程关系（EOS）确定。在组分模型中，可以计算单元体内的组分在各相流体之间的转移。

在油藏数值模拟中，需要对模型中的每个网格单元求解上述方程组。

对于给定的单元网格 i，物质平衡方程的一般式可以写为

$$F_i + Q_i = \Delta M_i / \Delta t \tag{5.10}$$

F_i 表示在时间 Δt 内从临近网格流入或流出单元网格 i 的流体质量流量；Q_i 表示在时间 Δt 内从井内流入或流出单元网格 i 的流体质量流量；ΔM_i 表示单元网格 i 流体质量在同一时间间隔 Δt 内的改变量。

使用组分模型进行数值模拟时，必须同时对模型中的所有相态和所有单元网格求解上述方程组。

除最简单的情况外，上述扩散方程不能通过解析方法求解。使用有限差分方法对其进行数值求解是数值模拟方法中最常用的算法。

5.4 有限差分

5.4.1 泰勒级数

在数学中，泰勒级数是用无限项累加式——级数来表示一个函数，这些相加的项由函数在某一点的导数求得

$$f(x_o + \Delta x) = f(x_o) + \frac{\Delta x}{1!} f'(x_o) + \frac{\Delta x^2}{2!} f''(x_o) + \frac{\Delta x^3}{3!} f'''(x_o) + \cdots \tag{5.11}$$

其中

$$f' = \frac{\partial f}{\partial x},\ f'' = \frac{\partial^2 f}{\partial x^2}$$

因此，当我们已知在某给定点 x_o 的函数值，并已知在 x_o 点处的导数（梯度）时，可以使用泰勒级数来近似得到 $(x_o + \Delta x)$ 点处的函数值。

如图 5.5 所示，在泰勒级数中添加更多的项将会使泰勒近似值更接近于真实函数（图中以 $f = e^x$ 为例）。

因此，我们可以使用泰勒级数展开式得到扩散方程的近似数值解。

当 Δx 足够小时，我们可以使用泰勒级数近似得到一阶和二阶的差商值。

5.4.1.1 一阶差商

如果我们可以忽略二阶或更高阶导数的数值，得到一阶向前差商方程：

$$f'(x_o) = [f(x_o + \Delta x) - f(x_o)] / \Delta x \tag{5.12}$$

类似地，我们可以得到一阶向后差商方程为

$$f'(x_o) = [f(x_o) - f(x_o - \Delta x)] / \Delta x \tag{5.13}$$

对前后差商取平均值得到一阶中心差商：

$$f'(x_o) = [f(x_o + \Delta x) - f(x_o - \Delta x)] / 2\Delta x \tag{5.14}$$

式（5.14）也可记为

$$f'_i = (f_{i+1} - f_{i-1})/2\Delta x \tag{5.15}$$

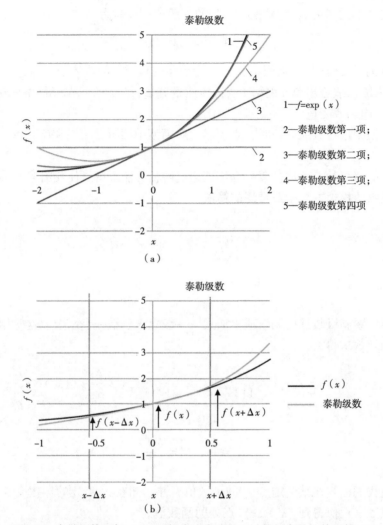

图 5.5　泰勒级数近似（a）和忽略二阶及以上导数的泰勒级数近似（b）

5.4.1.2　二阶差商

对泰勒级数的前后二阶差商取平均值得到二阶中心差商：

$$f''(x_o) = [f(x_o - \Delta x) - 2f(x_o) + f(x_o + \Delta x)]/\Delta x^2 \tag{5.16}$$

或记为

$$f''_i = (f_{i-1} - 2f_i + f_{i+1})/\Delta x^2 \tag{5.17}$$

如果 $f = f(x, t)$ 是时间和空间的函数，我们可以对某个时间步 n 求其差商：

$$f'^n_i = (f^n_{i+1} - f^n_{i-1})/2\Delta x \tag{5.18}$$

以及

$$f'''^n_i = (f^n_{i-1} - 2f^n_i + f^n_{i+1})/\Delta x^2 \tag{5.19}$$

5.4.2 显式方法

当考虑一维、均质、水平油藏中的微可压缩流体单相流动时，其扩散方程表示为

$$\frac{\partial^2 p}{\partial x^2} = \frac{\phi \mu c}{K} \frac{\partial p}{\partial t} \tag{5.20}$$

式（5.20）可通过差商近似为

$$(p_{i-1}^n - 2p_i^n + p_{i+1}^n)/\Delta x^2 = \frac{\phi \mu c}{2k}(p_i^{n+1} - p_i^n)/\Delta t \tag{5.21}$$

或写为

$$p_i^{n+1} = \frac{2K}{\phi \mu c}(p_{i-1}^n - 2p_i^n + p_{i+1}^n)\frac{\Delta t}{\Delta x^2} + p_i^n \tag{5.22}$$

因此，我们可以根据时刻 n 已知的压力值来估计时刻（$n+1$）未知的压力值。在初始条件下从油藏的原始压力值可以知道 p_{i-1}^n 和 p_{i+1}^n 的数值。这是全显式方法（图5.6）。$t+\Delta t$ 时刻的压力是已知参数 t 时刻压力的函数。

上述显式方法可以应用于所有的网格和每个时间步长。当 $\frac{\Delta t}{\Delta x^2}$ 很大时，可能会遇到不稳定问题，使得方程解不收敛。

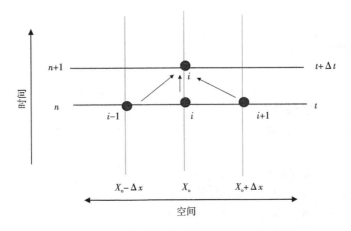

图 5.6   显式方法示意图

5.4.3 隐式方法

为避免遇到不稳定性问题，Crank 和 Nicolson 提出利用 $n+1$ 和第 n 个时间步长之间的平均值对（$p_{i-1}^n - 2p_i^n + p_{i+1}^n$）进行替换。

由于无法在 $t+\Delta t$ 时刻中不能显式地计算某单个变量的值，因此将其称为隐式方法（图5.7）。当使用矩阵代数联立求解所有变量均为在 $t+\Delta t$ 时刻的值。

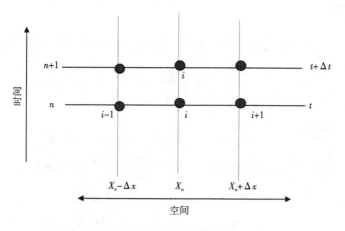

图 5.7　隐式方法示意图

5.5　数值模拟软件的输入参数

5.5.1　网格特性

网格参数包括用于确定每个网格单元的深度、大小、形状（图 5.3）。

5.5.2　岩石参数

岩石属性的参数如下：

（1）孔隙度（ϕ）；

（2）净毛比；

（3）岩石压缩系数（c_R）；

（4）渗透率取决于网格类型。

对于笛卡尔坐标网格：

①渗透率（K_x，K_y，K_z）；

②可以指定 K_v/K_h（垂向渗透率/水平渗透率）。

对于柱坐标系的网格：渗透率（K_r、K_θ、K_h）。

这些参数的输入可以非常简单，对每个网格单元手动输入孔隙度和渗透率，或者可以通过 Petrel 等软件生成。该软件以地质模型和数据为基础，将岩石属性分配到各个网格中，输入油藏数值模拟（图 5.8）的模型中。

5.5.3　流体属性

5.5.3.1　黑油模型

将油相和气相的性质参数输入油藏模拟模型。这些性质参数都与压力相关。

（1）油相体积系数（B_o）。

（2）气相体积系数（B_g）。

（3）溶解气油比（R_s）。

（4）气体黏度（μ_g）。

（5）油的黏度（μ_o）。

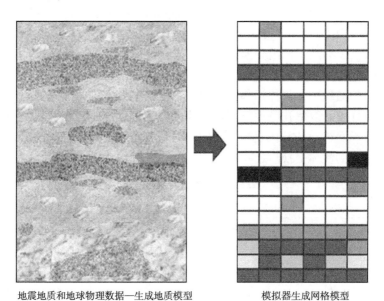

地震地质和地球物理数据—生成地质模型　　　　模拟器生成网格模型

图 5.8　以地质数据为依据定义网格单元属性的示意图

表 5.1 给出了黑油模型流体 PVT 性质的一个示例。

表 5.1　PVT 参数示例

p, psi	B_o, bbl/bbl	B_g, bbl/10^3ft^3	R_s, ft^3/bbl	μ_o, cP	μ_g, cP
2000	1.467		838.5	0.3201	
1800	1.472		838.5	0.3114	
1700	1.475		838.5	0.3071	
1640	1.463	1.920	816.1	0.3123	0.0157
1600	1.453	1.977	798.4	0.3169	0.0155
1400	1.408	2.308	713.4	0.3407	0.0140
1200	1.359	2.730	621.0	0.3714	0.0138
1000	1.322	3.328	548.0	0.3973	0.0132
800	1.278	4.163	464.0	0.4329	0.0126
600	1.237	4.471	383.9	0.4712	0.0121
400	1.194	7.786	297.4	0.5189	0.0116
200	1.141	13.331	190.9	0.5893	0.0106

5.5.3.2　组分模型

对于组分模型，我们输入各组分的临界性质参数和它们的二元相关系数。这些数据通常由拟合状态方程（EOS）与真实储层流体的 PVT 实验结果得到。市面上有很多商业软件包可以非常有效地完成这项工作。通常，将真实的烃类混合物划分为若干个"拟组分"。在真实的 PVT 实验中，实验会给出储层流体的具体烃类组成和每个组分的摩尔分数，实验数据通常输出 20~30 个组分以及一个 C_{30+} 的组分。为提高计算的效率，可以把不同的烃类组分组合在一起形成拟组分，一般有 6~12 个拟组分。拟组分的临界性质、二元相关系数可由组合中各组分的分子质量预先得到一个估算值。再通过拟合等容衰竭实验（CVD）、等组分膨胀实验（CCE）、差异分离实验（DL）等实验数据最终确定拟组分的性质参数。

表 5.2 和表 5.3 给出了拟组分模型中状态方程（EOS）输入参数的示例。

5.5.3.3 双重孔隙模型

在裂缝发育的储层中，流体运移主要发生在裂缝中，此时的油藏模型应当做相应的调整来反映储层的性质。双重孔隙模型可对裂缝型油藏进行描述。在这类模型中，一个位置都需定义两类单元网格，一类代表岩石基质，另一类代表裂缝。再通过定义窜流系数等参数来量化两者之间的流体交换。

表 5.2　组分临界性质示例

参数	H_2S	CO_2	PC_1	C_2	PC_2	PC_3	PC_4	PC_5
临界温度，K	373.5	304.2	189.3	305.4	390.7	546.1	749.2	924.2
临界压力，bar	90.010	73.8	45.9	48.8	40.4	30.0	18.3	10.5
偏心因子	0.10	0.225	0.113	0.098	0.170	0.300	0.540	0.954
分子质量	34.07	44.01	16.14	30.07	49.90	99.00	259.0	486.0

5.5.4　与饱和度相关的性质

与饱和度相关的性质包括相对渗透率和毛细管压力。这些参数通常作为饱和度的函数输入数值模型。表 5.4 给出了一个油水两相流系统的例子。

在油、气、水三相流动系统中，相对渗透率有不同的输入方式，具体使用哪种模型由所使用的数值模拟软件决定。

5.5.5　储层的初始条件

定义储层的初始条件是十分必要的：这些条件包括给定深度的储层原始压力，油水界面和油气界面等。在数值模拟软件中，在 "equilibration"（平衡）关键字一栏，可以输入这些信息。

对于组分模型，必须输入给定深度的组分摩尔分数。

5.5.6　井位和井控

在数值模型中需要输入井位坐标和井控参数，设备的工作范围（例如最大产液量等）以及井的历史数据（可选）。

（1）井位坐标及井控参数。

（2）完井数据和井史数据。

（3）生产（注入）历史数据。

（4）生产控制数据。

（5）注入控制数据。

（6）设备工作区间，压力/流量。

（7）修井方案及数据。

表 5.3　二元相关系数示例

组分	H_2S	CO_2	PC_1	C_2	PC_2	PC_3	PC_4	PC_5
硫化氢	0							
二氧化碳	0	0						
拟组分 1	0.05	0.10	0					
乙烷	0.05	0.10	0.12	0				
拟组分 2	0.05	0.10	0.16	0.10	0			
拟组分 3	0.05	0.10	0.03	0.10	0.10	0		
拟组分 4	0.05	0.10	0.08	0.10	0.10	0.001	0	
拟组分 5	0.05	0.10	0.096	0.10	0.10	0.002	0.001	0

表 5.4　与饱和度相关的性质示例

S_w	K_{rw}	K_{ro}	p_{cow}
0.20	0	0.800	2.4
0.25	0.002	0.610	1.1
0.30	0.009	0.470	0.8
0.35	0.020	0.370	0.6
0.40	0.033	0.285	0.5
0.45	0.051	0.220	0.4
0.50	0.075	0.163	0.3
0.55	0.100	0.120	0.2
0.60	0.132	0.081	0.15
0.65	0.170	0.050	0.1
0.70	0.208	0.027	0.05
0.75	0.251	0.010	0.01
0.80	0.300	0	0

5.5.7　底水层

底水层的大小和强度通常对于油藏开发后期的状况至关重要。有很多方法对底水进行建模。例如，可以将模型的模拟范围扩大，使用网格模拟大量底水的影响。但是由于使用了大量网格，此方法将导致模型的计算速度变慢。另一种方法是定义一个独立的大型底水模型（作用如大水箱），通过多个充满水的网格连接至主模型，从而影响主模型的压力分布。基于对底水层的地质认识，可以科学地定义所选底水模型的大小和渗透率。此外，一些商业油藏数值模拟软件中还使用了其他的数值方法来模拟底水层。

5.6　油藏数值模拟器的使用

5.6.1　简介

油藏数值模拟器是规划油气藏开发方案和认识油气藏开发动态的重要工程工具。然而，它们有时会被误用。一个突出的问题是有时会在开发早期构建非常庞大的模型。此时的现场数据还十分有限，但基于此却建立了拥有数十万个甚至数百万个网格单元的油藏模型。这些过于复杂的模型很可能产生误导。开发方案、生产预测和财务分析通常是在油藏数值模拟的基础上进行的，以后很难改变。本节将介绍如何正确高效地使用油藏模拟器，从而避免这类情况的发生。

5.6.2 单井建模

具有径向模型的油藏数值模拟器（图5.9）可用于单井建模，这一步类似于前面所介绍的单网格单井模型。与第4章介绍的"油藏动态预测的解析方法"中的方法类似，单井建模也被包含在聚合建模之中。在实践中，油藏建模经常遇到收敛问题。单井建模结果与第4章介绍的单井电子表格模型所获得的结果几乎没有什么不同。

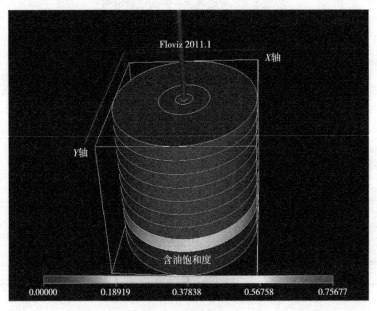

图5.9 径向单井模型示例

5.6.3 粗化网格建模

在开发初期，虽然我们只拥有有限的数据，但粗化网格模型（只有几千个网格单元）与单井模型和聚合模型一起使用会十分有参考价值。这些模型的运算速度极快，可以在短时间内确定影响油藏产能的关键因素，并开始了解油藏的基本动态。图5.10展示了一个粗化网格模型的示例。

5.6.4 概念/区域建模

5.6.4.1 概述

开发初期的油气藏数值建模应始终旨在了解油田的基本渗流动态。为此，应该建立一个区域模型。此模型应当涵盖该领域的代表性区域，目的是找出决定产能、采收率和经济效益的关键参数。

例如，在计划使用五点法开发的油藏中，可能会构建如图5.11所示的区域模型。

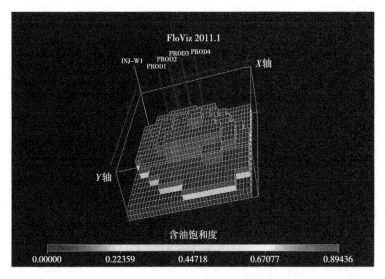

图 5.10 粗化网格数值模型示例

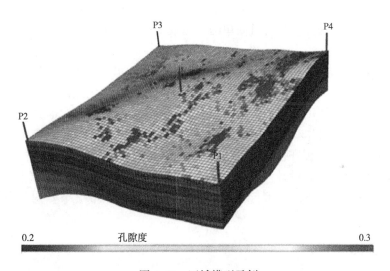

图 5.11 区域模型示例

5.6.4.2 敏感性分析

在不确定参数的范围内，通过敏感性分析得到对采收率和经济效益（净现值）产生最大影响的参数。具体操作方法如下：首先，对所有参数进行最佳估算，建立基础模型并对产量、采收率等进行模拟；然后，针对每个参数，在所有其他参数保持不变的情况下，使用此参数不确定范围内的上限值和下限值进行模拟。结果得到"龙卷风图"，其应用将在第 8 章中进一步讨论。

对于储层的类型，需要考虑的最重要参数也不尽相同，但很多参数对储层产能有着普遍的影响。以下列出了对储层产能具有显着影响的典型的不确定参数：

（1）影响储层体积的参数。

①基岩总体积；

②净毛比（NTG）。

（2）影响采收率（RF）的参数。

①渗透率；

②K_v/K_h；

③底水强度；

④非均质性；

⑤高渗透带的分布和比例（水驱优势通道）；

⑥相对渗透率，特别是残余饱和度；

⑦溶解气油比及其与深度的关系，对于凝析气藏而言非常重要；

⑧在气水系统中，基础和顶部的地质结构可能是至关重要的。

敏感性分析的结果主要用于两个方面：进一步评估开发方案，并对开发方案进行合理化调整、优化。在开发方案的评估和优化中，要重点关注敏感性强的参数。一般情况下，从龙卷风图中，选择前两个或三个关键参数，其余的参数可以暂被忽略。

5.6.4.3 评估规划——信息的价值

在第 8 章中讨论了在油藏开发方案设计和评价中正确地使用信息和数据的价值。因此，为缩小敏感性分析中确定的两个或三个参数的不确定性，我们需要明确哪些现场数据采集是必要的。最常用的方法是通过简单的区域模型进行分析。

5.6.4.4 开发方案设计

开发方案设计的第一阶段是使用基础岩石总体积（GRV，全域范围的岩石总体积）、岩石物理参数平均值和估算采收率（如 5.2 节中所述），以优化经济效益为目标制订初步开发计划。然后，可以使用简单的蒙特卡罗分析（Monte Carlo Analysis）设定三个基本参数及其范围，包括岩石总体积、油层物理参数和采收率（在经济效益敏感范围之内），以确定乐观估计储量（P_{10}）和保守估计储量（P_{90}）两种情况，并分析各种参数的经济敏感性。

下一阶段是使用"实验设计"方法，利用区域模型，进一步研究地层参数之间的相互作用，从而为提高经济效益设计可行的方案。第 11 章（11.3.3.2 节）对该方法做了简要的阐述。

5.6.5 全域建模

在开发过程的某些情况下，可能需要在油气藏的开发早期阶段进行全域建模。例如，在地质结构的不确定性对油藏产能影响至关重要的情况下。在这种情况下，应限制网格数量，避免模型过度复杂。然后将上述用于区域建模的一般方法应用于全域模型进行敏感性分析等运算过程。

在开发后期，当油藏已经积累了大量的历史生产和其他数据时，构建网格数量更大、更复杂的全域模型才是可靠且合理的选择。

5.7 历史拟合

历史拟合是调整储层模型以匹配储层真实的生产和压力历史数据的过程。经过历史拟合的油藏模型将能够更准确地预测油藏未来的开发情况，并更好地反映油藏当前的压力和油水分布情况。

5.7.1 什么历史拟合

生产数据包括实测的流体生产数据（油、水和气体）、流体组分和示踪剂流量。压力数据与来自重复地层测试（RFT）、井底压力（BHP）、井口压力（THP）和连续井下监测结果。

饱和度分布数据用于单井拟合和 4D 地震测试结果。

在历史拟合中，压力通常是拟合的最普遍的数据，其次是含水率。在实践中，常常由于缺乏井下压力仪表而缺乏井底压力（BHP）数据。此时，必须依据井口压力数据（THP），并通过井筒压降对井底压力进行估算，再进行压力拟合。

5.7.2 为完成历史拟合需要调整的参数

为完成历史拟合，主要调整的参数如下：

（1）渗透率（尤其是分布）；
（2）孔隙度（或影响孔隙体积的其他因素）；
（3）油藏原始流体饱和度分布；
（4）PVT、相对渗透率、毛细管压力、岩石压缩性等；
（5）断层（其连通性，位置）；
（6）井［完井，产能系数（PI）］。

在实践中，当我们面临一个多井油藏时，在匹配压力的过程中存在一个非常常见的错误，即针对近井周围的渗透率和孔隙度进行局部调整，或使用类似的拼凑方法对局部参数进行调整。使用这种方式几乎可以匹配所有的历史数据，但它无法真实地反映整个储层的情况。因此，我们应当通过找到适宜的全域（或至少是区域）参数变化规律以改善历史拟合，并基于此来提高对储层的认识。

5.8 思考与练习

Q5.1 描述油藏数值模型的不同类型。

Q5.2 参考典型油藏数值模型的基本结构，从模型类型的选择开始概述建立油藏模型的步骤。描述组分模型和黑油模型中输入参数的不同。

Q5.3 讨论如何通过数值模拟软件进行历史拟合。什么是成功的历史拟合，以及对什么参数进行调整？

Q5.4 以下三个扩散方程（油、气、水）是数值黑油油藏模型的基础：

$$\nabla \cdot \left[\frac{KK_{ro}}{\mu_o B_o}(\nabla p_o - \gamma_o \nabla z) \right] + Q_o = \phi \frac{\partial \left(\dfrac{S_a}{B_o} \right)}{\partial t}$$

$$\nabla \cdot \left[\frac{KK_{rw}}{\mu_w B_w}(\nabla p_w - \gamma_w \nabla z) \right] + Q_w = \phi \frac{\partial \left(\dfrac{S_w}{B_w} \right)}{\partial t}$$

$$\nabla \cdot \left[\frac{KK_{\text{rg}}}{\mu_{\text{g}} B_{\text{g}}} (\nabla p_{\text{g}} - \gamma_{\text{g}} \nabla z) \right] + \nabla \cdot \left[\frac{KK_{\text{ro}} R_{\text{s}}}{\mu_{\text{o}} B_{\text{o}}} (\nabla p_{\text{o}} - \gamma_{\text{o}} \nabla z) \right] +$$

$$R_{\text{s}} Q_{\text{o}} + Q_{\text{g}} = \phi \frac{\partial \left(\dfrac{S_{\text{g}}}{B_{\text{g}}} \right)}{\partial t} + \phi \frac{\partial \left(\dfrac{S_{\text{o}} R_{\text{s}}}{B_{\text{o}}} \right)}{\partial t}$$

式中，$\gamma = \rho g$。

写出质量守恒方程和达西定律方程。

解释这些方程与以上油相扩散方程的关系。

Q5. 5 使用泰勒级数推导三阶差商的表达式。

Q5. 6 通过图例解释通过显式和隐式方法求解扩散方程之间的区别。

5.9 拓展阅读

J. R. Fanchi, Principles of Applied Reservoir Simulation, 2006.

K. Aziz, A. Settari, Petroleum Reservoir Simulation, Elsevier, 1979.

第 6 章 储量估算和驱动机制

本章主要介绍了对油气储量和各种油气藏类型的采收率（RF）进行早期预估的方法和原理。

6.1 储层内的油气

6.1.1 油气储集体积

如图 6.1 所示，油气储集空间体积是由地质参数（面积和平均储层厚度）和岩石物性（孔隙度和净毛比）决定的。

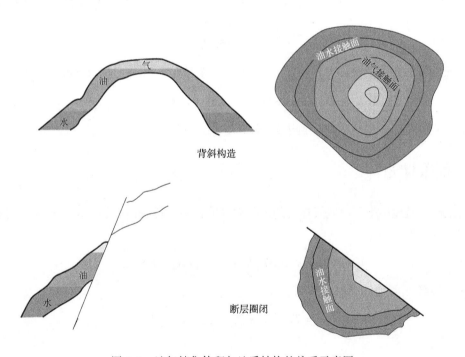

图 6.1 油气储集体积与地质结构的关系示意图

在油气藏开发的早期，我们拥有的数据有限。为估算孔隙体积，我们采用储层面积的单值和净厚度，孔隙度和含水饱和度的平均值进行计算，即

$$V = Ah_v \phi(1 - S_w) \tag{6.1}$$

式中：A 为储层面积（平均值）；h_v 为有效厚度，即 $h \times NTG$；ϕ 为孔隙度；S_w 为含水饱和度；NTG 为净毛比。

当详细的评估数据可用时，储层不同区域则会被赋予单独的参数值，但是计算区域孔隙体积的方法是相同的。

6.1.2 油藏的原始地质储量

使用上述油气储层体积方程，地层中油的体积在现场单位制中可由式（6.2）给出

$$N = 7758Ah_v\phi(1 - S_w)/B_{oi} \tag{6.2}$$

式中：N 为原始油地面标准条件下体积，bbl；A 为面积，acre；h_v 为有效厚度，ft；B_{oi} 为原始油层体积因子，bbl（油藏）/bbl（标准）；常数 7758 为 bbl/（acre·ft）的单位转换系数。

6.1.3 气藏的原始地质储量

估算地层中气体积的方程为

$$G = 7758Ah_v\phi(1 - S_w)/B_{gi} \tag{6.3}$$

式中：G 为标准条件下的原始气体体积，ft^3；A 为面积，acre；h_v 为有效厚度，ft；B_{gi} 为气体体积因子，bbl（油藏）/ft^3；常数 7758 为 bbl（油藏）/（acre·ft）的单位转换系数。

$$B_g = \frac{p_b TZ(p)}{5.615pT_bZ_b} \tag{6.4}$$

标准条件的定义为，p_b 为 14.7psi；Z_b 为 1；T 单位为 °R（= 60°F+460），所以

$$B_{gi} = 0.0283TZ/p \ [bbl（油藏）/ft^3]$$

Z 因子随着压力变化的一个例子如图 2.40（b）所示。

6.2 可采储量

可采储量是地层中石油或天然气的体积乘以采收率［可采储量的单位为标准桶（bbl）］，因此油藏的采收率为

$$R = 7758Ah_v\phi(1 - S_w)/B_{oi} \cdot RF \tag{6.5}$$

对于气藏［可采储量的单位为 ft^3］：

$$R = 7758Ah_v\phi(1 - S_w)/B_{gi} \cdot RF \tag{6.6}$$

6.3 采收率与油气藏类型

采收率是指可采储量占原始地层储量的百分比。采收率的大小与储层"驱动机制"的有效性密切相关。"驱动机制"是指驱动油气流向生产井的动力以及其效率如何。因此，在合理的估算油气采收率时，需要考虑油气藏类型。

6.3.1 干气藏与湿气藏

气体是高度可压缩的，因此干气藏和湿气藏这两类气藏中主要的驱动力来自气体膨

胀。总可采储量将取决于初始压力、最终关井压力和天然气的 PVT 特性。

在第 4 章中已经讨论了产出的气体与压降之间的关系 [$\Delta V=f(p)$]。气体流速随时间的下降（$q=dV/dt=f(t)$）则取决于气体采出的初始速率、储层的形状和体积、渗透率分布以及井的生产控制条件等。在第 4 章中已经讨论过有关产量下降曲线的分析。气藏一般具有较高的采收率，通常为 65%~95%。

影响天然气采收率的一个重要原因是气井的水淹。这取决于气藏中高渗透层的存在。压力降低将会导致水驱前缘在高渗透区域比主要含水层其他区域移动得更快，即发生所谓的突进现象（图 6.2）。

类似的问题在生产井近井周围的局部压力梯度气较大时形成"水锥"现象，使原来水平状态的气水界面变形成丘陵状锥起（图 6.2）。因此，生产井通常在气水界面之上进行完井和生产。

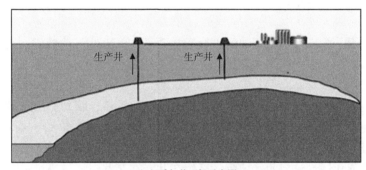

（a）采气井现场示意图

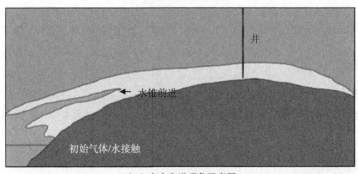

（b）底水突进现象示意图

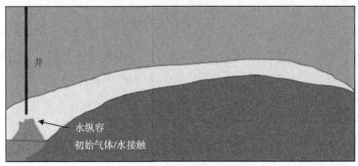

（c）水锥现象示意图

图 6.2　气井现场开采情况示意图

气藏中的天然裂缝发育时，也会产生类似的现象，这将降低底水的驱替效率。

一旦水进入生产井，将会使得含水量（生产的液体中的水的百分比）急剧增加，那么这口气井基本上不再产气，失去经济价值。因此，在估算气藏中可能的采收率时，特别重要的是要考虑储层的地质情况和过早水淹的可能性。

为了避免这些问题，完井的高度通常在储层顶端，尽可能远离底水层，并且通常考虑使用大斜度井或水平井。在开采前，必须检查底水层的大小和驱替强度。

6.3.2 凝析气藏

正如在第 2 章中讲到的，凝析气体的显著特征是，一旦储层压力低于露点压力，油滴就会在地层中析出，产生凝析油。这将带来两个后果：

（1）大部分凝析油在通常情况下是不动的，因此丧失了大量的可采烃类混合物。

（2）在气井周围析出的凝析油会对气体进入井中产生强大的阻力，从而降低气井的产气能力。

出于这些原因，并且由于凝析油的价值通常明显高于天然气的价值，因此对于天然气凝析气藏的衰竭式开发（利用气藏原始能量）通常不是合理的开发选择。普遍的做法是使用气体回注工艺。

在这里，我们试图通过在表面分离设施中对油气分离后，将部分或全部干燥气体重新注入，使储层在尽可能长的时间内将保持在露点压力以上（图 6.3）。为达到这个目的，通常要使用多级分离器，使中烃和重烃的回收率最大化（图 6.3 中的三元相图）。回注的气体也将帮助地下含烃量较高的气体驱替至生产井。在某些时候，当进一步的循环注气被认为不再是经济有效时，我们将使用衰竭式开发（也称为 blowdown）。

天然气凝析油田的采收率较难预测，但通常液态烃类采收率可以实现 40% 以上，最终的衰竭式开发可能使气体采收率达到 70%~80%。因为液态烃类相对于气态烃类是更有经济价值的产品，所以这种液态烃类采收率通常是最重要的。

值得注意的是，在凝析油气藏中，烃类成分随深度的变化会有显著差异（与油藏相比），随着深度的增加，较重组分的比例会上升。这对开发过程的影响相对较小，但此现象可能在最初的流体测试样本中影响更加明显。

6.3.3 欠饱和油藏

6.3.3.1 原油弹性驱动

当油藏从初始压力（p_i）降至（泡点压力 p_b）之前，原油将因为压力降低而产生弹性膨胀能，为生产开发提供动力。但由于液体的压缩性很小，原油膨胀对采收率的贡献十分有限（<10%），只有当初始油藏压力远高于泡点压力时（一种特殊的情况），原油的膨胀能才可能对采收率提供较大贡献。

6.3.3.2 溶解气驱动

当满足下列两个条件时，溶解气驱动将发挥作用：

（1）油藏压力下降至泡点压力以下。

（2）从原油中分离出溶解气，气体膨胀是主要的驱油动力。

溶解气驱的采收率通常为 25%~35%。

当气泡在生产井周围分离出时，由于压力下降可能导致的情况包括：

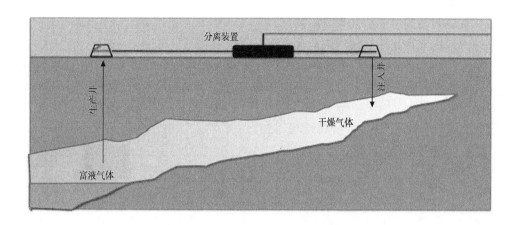

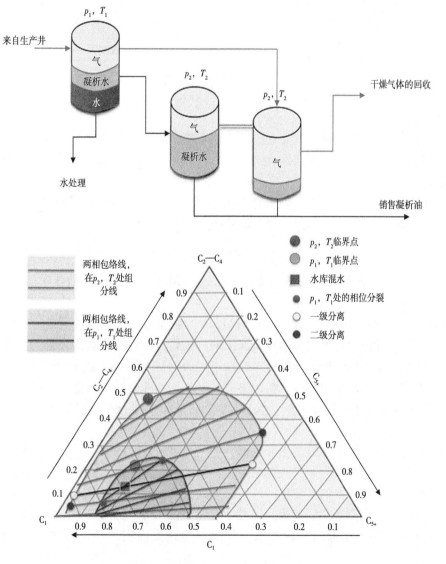

图 6.3 凝析气藏气体回注示意图

（1）气体在井周围保持不动。

（2）气体流动到井中并被生产出来。

（3）气体向上运移形成气顶或运移至现有的气顶。

气体向井中的流动将降低采收率（因为失去部分溶解气驱动能量），并且处理所采出不必要的气体可能是一个复杂的问题。在图 6.4 中，如果在生产过程中没有气体流向井中，则并没有产生能量损失，那么情况就如图中左侧所示。溶解气体驱动的主要动力将来自气顶的膨胀能和原油中挥发气体的膨胀能。

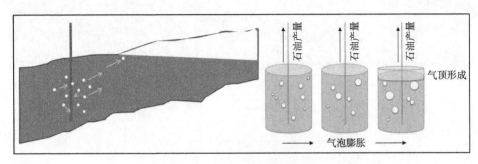

图 6.4　泡点以下的溶解气驱示意图

6.3.3.3　水驱开发

水驱开发是油藏的主要开发方法，第 4 章已对此进行了详细介绍。从注入井注入水，以保持油藏和油井压力，从而持续生产原油。注水的目的在于通过部署注入井和生产井，合理地将油驱替到生产井中。

水驱的采收率可高达 60%，但具体的大小取决于整个区域的波及体积和岩石/流体性质作用下局部的洗油效率。因此，总驱油效率可写为

$$E_T = E_{R/F}E_A \tag{6.7}$$

式中：E_T 为总驱油效率；E_A 为波及体积系数；$E_{R/F}$ 为洗油效率，洗油效率与岩石/流体相关的驱油效率。

波及体积系数 E_A 取决于水驱前缘与储层的接触程度。它具有水平和垂直分量，并取决于储层非均质性的严重程度和油藏所属类型。例如，在有高渗透层联通注水井与生产井时，水将优先通过高渗透层，而降低对低渗透层的驱替，将导致 E_A 较小。

洗油效率 $E_{R/F}$ 取决于润湿性、相对渗透率（特别是残余油饱和度）和流体黏度。通常认为岩石/流体性质是局部同性的。油水驱替效率与岩石/流体性质的关系已在第 2 章详细介绍。

只有通过详细的评估和分析生产数据，加上细致的数值模拟，才能了解油藏区域的驱油效率。为得到最高的采收率，人们采用了各种井网开发模式，如图 6.5 所示。

在水驱中，特别重要的是要保持地层压力高于或接近泡点压力，以防止油相有效渗透率降低，并避免产生不必要的气体。油藏中裂缝的存在将对驱油效率产生复杂的影响。这些裂缝可能导致注入水通过裂缝流入生产井，绕过大面积的储层流体，显著降低驱油效率。

水驱开发的采收率通常为 40%~60%。

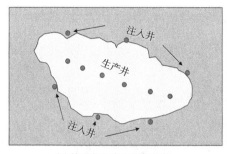
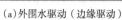

(a)外围水驱动（边缘驱动）

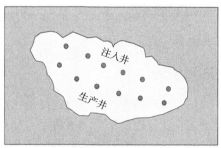

(b)线性驱替

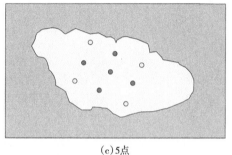

(c)5点

图 6.5　几种注水井网示意图

6.3.4　饱和油藏

饱和油藏是带有气顶的油藏（图 6.6）。其驱动机制和存在问题与欠饱和油藏基本相同。不同的地方在于，由于气顶的存在，当压力下降时，气顶的膨胀能将驱动原油流入生产井。当然，这也有可能导致气体锥进。

通过建立数值模型可以对这类油藏进行有效的模拟。饱和油藏可能的采收率范围很宽，为 20%~60%。当薄油层的储层同时存在气顶和底水时，此类储层的开发难度较高，开采时要同时面临水锥和气锥的情况。

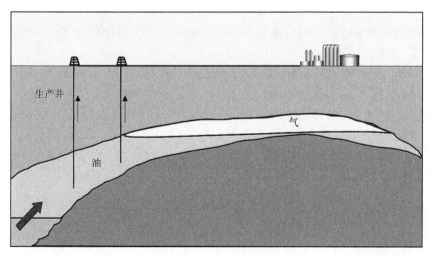

图 6.6　带有气顶的油藏

6.3.5 提高采收率

该部分内容在附录 D 中讨论。

6.3.6 油藏管理

油田一旦开始现场生产，通过良好的油藏管理可以提高最终采收率。通过实时监控井底、井口数据、重复地层压力测试数据，测量油、气、水的产量，可以进行详细的数值模拟和历史拟合。然后，使用数值模型来优化现有的注水速度和生产速度，以及确定新井的数量和位置。

6.4 思考与练习

Q6.1 估算图 6.1 所示的背斜构造中原油的储量，面积为 2400acre，假设净毛比为 90%、孔隙度为 15%、含水饱和度为 20%。假设储层压力刚好低于泡点压力。使用图 2.43 中所示的原油的体积系数。

Q6.2 估算图 6.1 所示的背斜构造中天然气的储量，假设净毛比为 90%，孔隙度为 15%，水饱和度为 20%，假设储层压力为 2000psi，温度为 150°F。使用图 2.41（b）所示的压缩因子。

Q6.3 列出影响气藏采收率的主要因素。

Q6.4 给出干气藏、凝析气藏、衰竭式开发的油藏和水驱开发油藏的典型采收率。讨论每种油气藏的驱动机制有哪些？

Q6.5 解释如何提高凝析气藏中液态烃类的采收率。

Q6.6 解释饱和油藏和非饱和油藏之间的区别。

Q6.7 在什么条件下，原油的膨胀能对采收率的贡献较大？

6.5 拓展阅读

C. Conquist, Estimation and Classification of Reserves of Crude Oil, Natural Gas and Condensate, SPE, 2001.

M. Muskat, Physical Principles of Oil Production, McGraw-Hill, 1949.

H. B. Bradley, Petroleum Engineering Handbook, SPE, 1987.

M. Walsh, L. Lake, A Generalized Approach to Primary Hydrocarbon Recovery, Elsevier, 2003.

第7章 石油经济学基础

7.1 引言

对任何石油或天然气等油气田开发投资的决定都取决于油气田的价值。这里所指的油气田的"价值"是通过一些经济参数的组合来判断的：

（1）净现值（*NPV*）；

（2）预估货币价值（*EMV*）；

（3）实际收益率（*RROR*），有时称为内部收益率；

（4）利润投资比（*PI*）；

（5）投资回收期。

所有这些指标都需要在完整的投资决策中加以考虑，本章将对这些内容进行介绍。其中某些指标可能比其他指标更重要，这主要原因取决于一些商业因素和政治因素，以及公司的规模和运营状况。

7.2 净现金流

投资的净现金流量由若干部分组成，其中一些贡献为正，另一些贡献为负。因此，钻井的资本支出（*Capex*）、铺设管道和设施建设的资本支出以及运营支出（*Opex*）必须计入总投资支出，与油气销售所得利益共同计算净现金流量，如图 7.1 所示。净现金流通常按固定时间段计算，比如按季度或每半年一次。

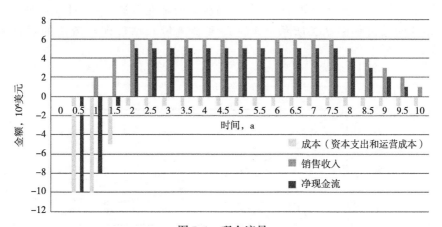

图 7.1　现金流量

因此，净现金流可以表示为

$$NCF(i) = Capex(i) + Opex(i) + Sales(i) \tag{7.1}$$

式中：$NCF(i)$为第 i 期的净现金流；$Capex(i)$为第 i 期的资本支出（钻探、设施等成本）；$Opex(i)$为第 i 期的运营成本（维护、运输成本）；$Sales(i)$为第 i 期的销售收入。

7.3　通货膨胀

在考虑价值时，必须考虑多种因素，通货膨胀就是其中一个影响因素。通货膨胀是衡量货币购买力随时间下降的指标。

现金流可以用两种方式表示：名义现金流通过引用每个时期的实际现金流量来表示；真实现金流通过将某一特定时期的名义现金流量转化为固定参考时期的等值现金流量，这样考虑了不同时期和参考时期之间通货膨胀引起的累计影响。

7.4　贴现现金流

考虑净现金流就必须考虑为实施项目和现场开发所需的资本支出，从而调整净现金流量以取得经济效益。

贴现率是指获得额外资本的成本（例如通过从银行借款），或指通过投资其他替代机会可获得的回报（即，如果石油公司拥有开发一个区块所需的全部或部分资本，它也可以将这些资本投资到其他机会）。

贴现现金流量（DCF）计算方法如下：

$$DCF_i = NCF_i / (1 + r_D)^n \tag{7.2}$$

式中：NCF_i为第 i 期未贴现的净现金流量；r_D为贴现率（百分比）；n为总时间段内的期数。

假设贴现率越高，项目表现出的利润就越少。通常在石油工业中使用 6%～10% 的贴现率。贴现率的效果如图 7.2 所示。未贴现现金流量和贴现现金流量的对比如图 7.3 所示。

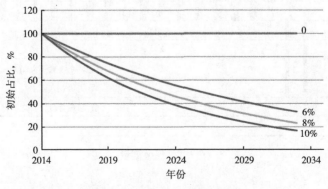

图 7.2　贴现现金流量的影响

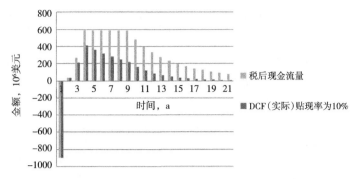

图 7.3　未贴现现金流量和贴现现金流量的比较

7.5　净现值

净现值（*NPV*）被定义为一系列现金流按照特定比率折算至特定时间的总现值。因此，净现值是一个累积的现金流：

$$NPV(r\%) = \sum_{i}^{n} DFC(i) \tag{7.3}$$

如果现金流量是实际值（考虑通货膨胀），则会得到真实的净现值。如果使用名义现金流（不考虑通货膨胀），则会产生名义净现值。

因此，在讨论现金流时必须明确说明贴现率和名义值或实际值。所以通常会得到以下结果。

（1）*NPV*10（真实值），*NPV*0（真实值）。

（2）*NPV*10（名义值），*NPV*0（名义值）。

贴现现金流（*DCF*）和净现值（*NPV*）之间的关系如图 7.4 和图 7.5 所示。

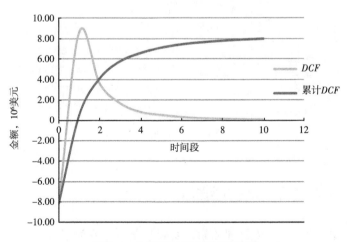

图 7.4　*DCF* 和 *NPV* 之间的关系

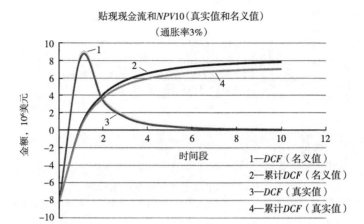

图 7.5　实际和名义 NPV

7.6　实际收益率

实际收益率（RROR）是指作用于现金流量使得净现值（NPV）减少至零时的贴现率，有时也被称为内部收益率。

在如图 7.6 所示的情况下，实际收益率（RROR）为 18%，即任何低于 18% 的贴现率将使得项目盈利（NPV> 0）。

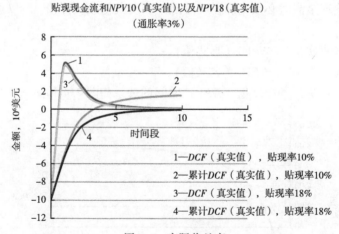

图 7.6　实际收益率

7.7　投资回收期和最大现金敞口

项目的投资回收期是指在未贴现的累计实际现金流量变为正数时（在此成本超过收入之前）所经历的时间长度。

最大现金敞口被定义为未贴现的累计实际净现金流量的最大负值（图 7.7）。

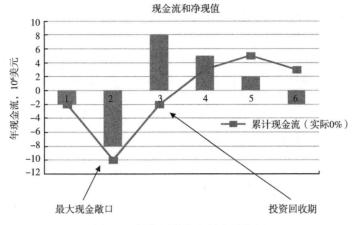

图 7.7 投资回收期和最大投资额

7.8 投资回报率

折现的真实投资回报率（*PI*）定义为

$$PI = NPV / 总贴现实际资本支出$$

其中，所有折现率采用同一值（图 7.8）。这有时被称为投资回报率（*ROI*），因为它是投资回报的简单衡量标准。投资回报率与时间无关，这也使其作为经济指标的用处受到了限制。因此，投资回报率总是与其他指标一起使用。

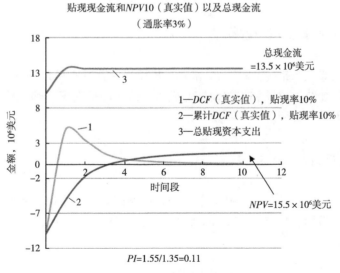

图 7.8 投资回报率曲线

7.9 风险指标 (估计的货币价值)

所有上述指标均假设一种生产开发过程得到的结果。实际生产中，总是存在一些不确定性，尤其是由产量预测和油气价格波动带来的不确定性，这些都需要在做决策时全面考虑。

当使用最佳预测作为唯一考虑对象时，经济指标被称为不考虑风险的指标。而估计的货币价值 EMV 则是一个考虑风险的指标。

EMV 的定义为

$$EMV(r) = \sum_{i}^{n} P_i NPV(r_D)_i \qquad (7.4)$$

它是各种可能发生的结果经过加权后的总和。式中：r 为贴现率；P_i 为可能结果 i 的概率，所有可能结果的概率之和为 1。

通常，假设有三种可能的情况发生，即发生概率分别为 90%，50% 和 10% 的情况。它们的权重分别为 $P_{(p90case)} = 0.25$，$P_{(P50\ case)} = 0.50$，$P_{(P10\ case)} = 0.25$。

比如，考虑有利预测、基本预测和不利预测三种生产情况，有

$$EMV(10) = 0.25 NPV10(有利预测) + 0.50 NPV10(基本预测) +$$
$$0.25 NPV10(不利预测) \qquad (7.5)$$

因此，可以利用项目的货币价值（实际 $NPV10$ 值）来考虑技术和经济单方面或共同作用的影响。

EMV 结果取决于三种预测情况之间的关系，这使得调整后的 EMV 值高于或低于基本情况下的 NPV。在投资决策中需要参考考虑风险和不考虑风险两种情况下的结果。

7.10 经济指标 Excel 表格

前面讨论的主要经济指标 NPV，PI 和 $RROR$ 等的计算过程可以用 Excel 实现。天然气和石油产量、钻井细节、建井和相关设施的成本、选用的折现率、油气价格等均为输入内容。图 7.9 所示为计算案例。

7.11 经济指标的实例

以下内容为一组案例：从一个基本案例开始，测试更高折现率，更大资本支出和更短暂的平台期对经济指标的影响。计算结果如图 7.10 至图 7.13 所示。

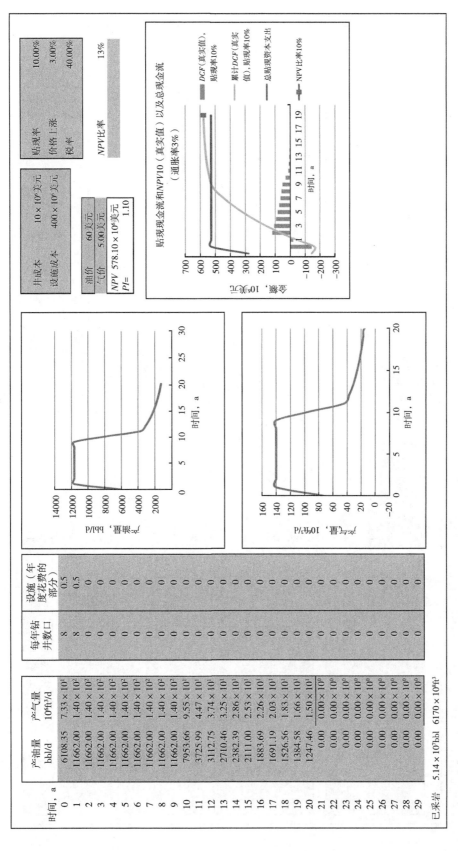

图 7.9 Excel 经济学电子表格

111

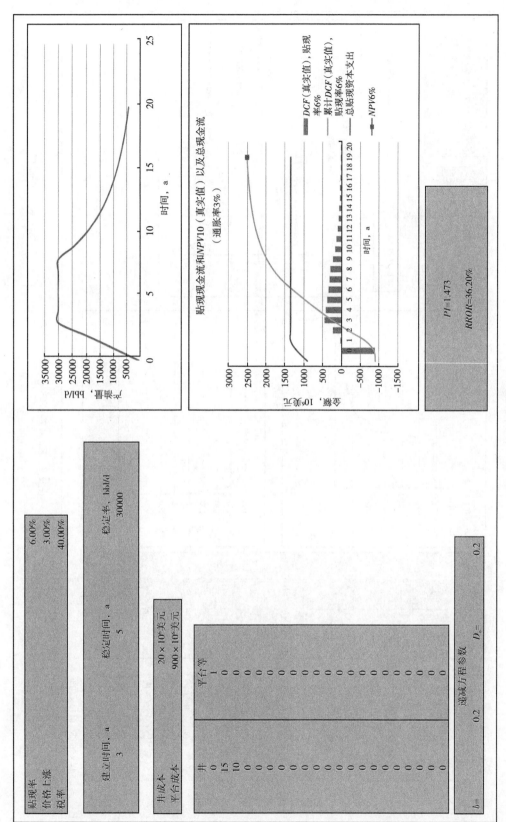

图 7.10 案例 1（基础案例）

112

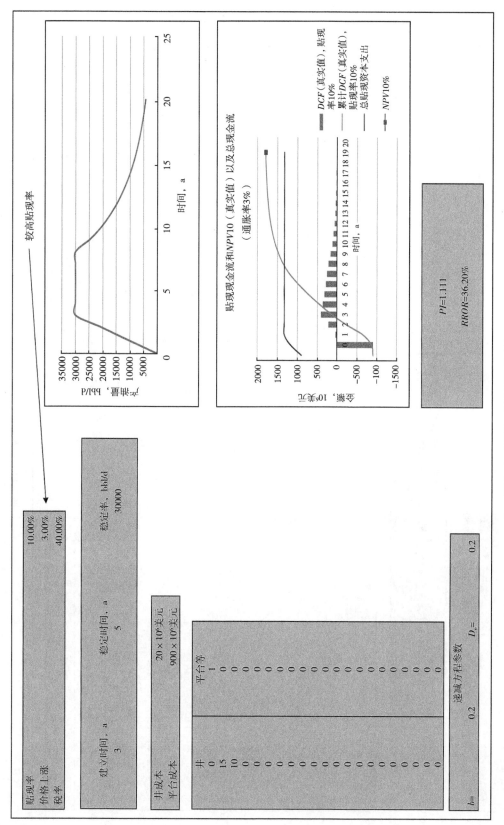

图 7.11 案例 2（较高贴现率）

113

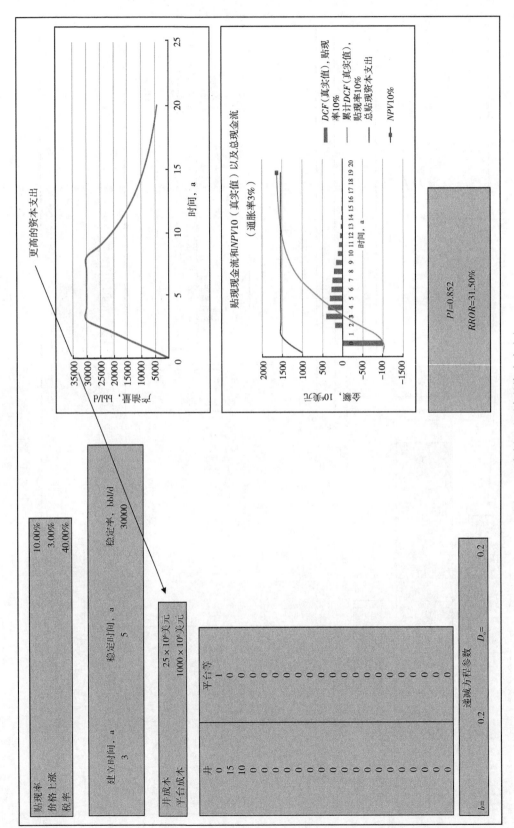

图 7.12 案例 3（更高的资本支出）

114

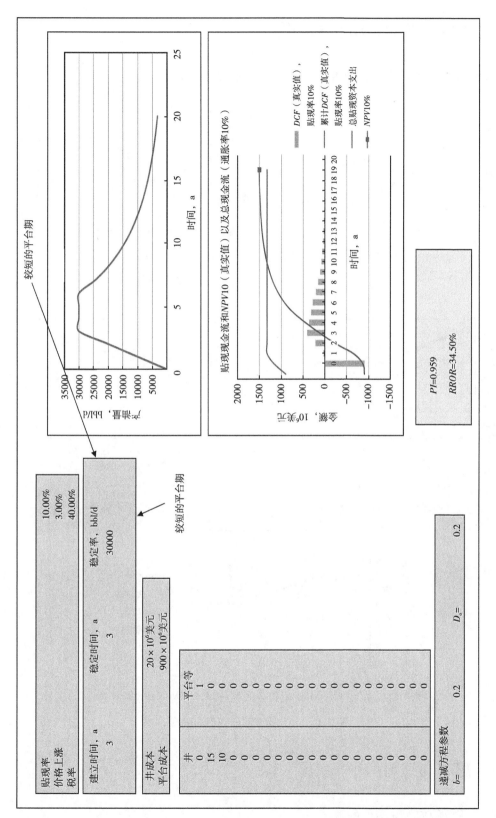

图7.13 案例4（较短的平台期）

7.12　不同参数对经济指标的影响

图 7.14 展示了贴现率、油价、成本和储量对 *NPV* 的影响。

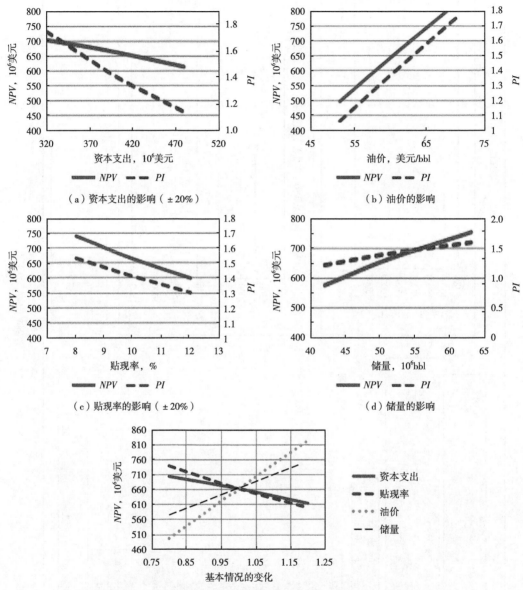

（a）资本支出的影响（±20%）

（b）油价的影响

（c）贴现率的影响（±20%）

（d）储量的影响

（e）资本支出、油价、贴现率和储量的不确定性为 ±20% 时对 *NPV* 的相对影响

图 7.14　不同参数对净现值的影响

7.13　思考与练习

Q7.1 解释 *DCF* 和 *NPV* 的含义。

Q7.2 下表显示了水驱开发油田的钻井数量和原油产量。

时间，a	井数（注入井+生产井）	产油量，bbl/d
0	0	0
1	15	13333
2	10	26667
3	0	40000
4	0	40000
5	0	40000
6	0	40000
7	0	40000
8	0	40000
9	0	32877
10	0	27223
11	0	22697
12	0	19045
13	0	16075
14	0	13644
15	0	11642
16	0	9981
17	0	8597
18	0	7437
19	0	6460
20	0	5633
储量，bbl		168379042

相关设施的成本假设在三年内均匀分布。如果钻井的成本为每口 1000 万美元，总的设施成本为 12 亿美元，那么使用提供的 Excel 表格（"经济指标"）计算 20 年生产期间的 *DCF*，*NPV* 和 *PI*，假设油价为 100 美元/bbl、贴现率 10%、税率 40%、通胀率 3%。绘制结果。

使用提供的 Excel 表格确定 *RROR*。

研究以下参数变化对结果的影响（其他所有参数保持不变）：

（1）将贴现率降至 6%。

（2）将油价降至 80 美元/bbl。

（3）将设施成本增加到 18 亿美元。

Q7.3 下表显示了天然气藏的产能和钻井数量。

时间, a	产气量, $10^6 ft^3/d$	井数, 口
0	0	0
1	100	6
2	200	5
3	300	0
4	300	0
5	300	0
6	300	0
7	300	0
8	300	0
9	300	0
10	186	0
11	121	0
12	81	0
13	56	0
14	40	0
15	29	0
16	21	0
17	16	0
18	12	0
19	9	0
20	7	0
储量		$1.08×10^9 ft^3$

相关设施的成本假设在三年内均匀分布。如果钻井的成本为每口 1000 万美元，总的设施成本为 16 亿美元，假设天然气价格为 10 美元/$×10^6 ft^3$，使用所提供的 Excel 表格（"经济指标—气体"）来计算 20 年生产期间的 *DCF*，*NPV* 和 *PI*。其中，贴现率为 10%、税率为 40%、通胀率为 3%。绘制结果。

使用提供的 Excel 表格确定 *RROR*。

研究以下参数变化对结果的影响（其他所有参数保持不变）：

（1）将贴现率降至 6%。

（2）将油价降至 8 美元/ft^3。

（3）将设施成本增加到 22 亿美元。

Q7.4 下表所示为现场的不利情况（P90），基本情况（P50）和有利情况（P10）下估算的石油产量和钻井计划。如果钻井成本为每口 1000 万美元，总设施成本是 16 亿美元（三年均摊），计算每个案例的 *NPV*（10）（假设税率为 40%，通胀率为 3%）。

时间, a	钻井数, 口	产油量, bbl/d		
		P50	P90	P10
0	6	0	0	0
1	8	10000	10000	10000
2	8	20000	20000	20000
3	0	30000	30000	30000
4	0	30000	30000	30000
5	0	30000	30000	30000
6	0	30000	30000	30000
7	0	30000	24658	30000
8	0	30000	20417	30000
9	0	24658	17023	30000
10	0	20417	14283	24658
11	0	17023	12056	20417
12	0	14283	10233	17023
13	0	12056	8731	14283
14	0	10233	7486	12056
15	0	8731	6448	10233
16	0	7486	5578	8731
17	0	6448	4845	7486
18	0	5578	4225	6448
19	0	4845	3697	5578
20	0	4225	3247	4845
储量, 10^6bbl		126	107	136

计算油田开发的 EMV，假设 P90 的概率为 25%，P50 的概率为 50%，P10 的概率为 25%。

Q7.5 解释 *RROR* 的含义。

Q7.6 解释考虑风险和不考虑风险经济指标之间的差异。

7.14 拓展阅读

R. D. Seba, Economics of Worldwide Petroleum Production, Ogci & Petroskills Publication, 2008.

J. Masserson, Petroleum Economics, Editions Technip, 2000。

D. Johnston, International Exploration Economics, Risk and Contract Analysis, Penn Well, 2003.

7.15 相关 Excel 表格

economic indicator（经济指标）。

第8章 油藏评估与开发规划

8.1 引言

本章讨论油气藏开发的资产生命周期——从探索发现阶段、投资决策阶段，到生产和最终停产过程——以及相关学科的原理（图8.1）。

评估和开发阶段对于从已发现的资产中获取价值至关重要，而且这是油藏工程师对关键决策影响最大的方面。早期决策对项目的财务影响最大，这被称为"前端加载"效应。

在勘探开发早期发现油气藏时，必须在初步评估的基础上做出决策，以确定需要钻多个评价井，以及这些评价井需要进行哪些测试（测井类型、流体采样、实验室研究等）。此时，我们只有一个探井的数据，尚不能构建复杂的数值模型，但仍需要探索可能的开发方式和潜在的资产价值。这里介绍4种常用的方法：

（1）使用临近储层、相似储层的数据。

（2）递减曲线分析。

（3）解析方法（例如，物质平衡方法、水驱开发的 Buckley-Leverett 分析）。

（4）简单的数值模型。

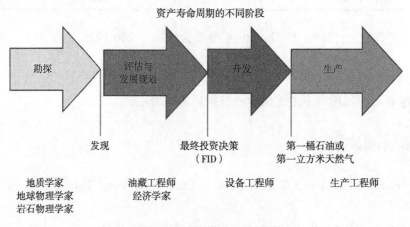

图 8.1 油藏评估和开发阶段

本章将讨论前两个方法。解析方法和数值模拟方法这两个方法在第4章和第5章的相关章节中分别有所介绍。

在对油藏进行初步评估之后，必须考虑进一步评估的必要性。需要在敏感度分析的基础上进行信息价值（VOI）分析。除此之外，还需要使用递减曲线或简单的数值模型，基于当前数据对油气藏的开发潜力进行评估。

本章将介绍储层早期建模、敏感度分析和 VOI 分析方法。

8.2 对开发备选方案的初步评估

对开发备选方案进行早期评估是必要的，它作为油藏评估（与开发方案同时进行）的必备条件，即使在早期也影响着公司未来的财务承诺（图8.2）。

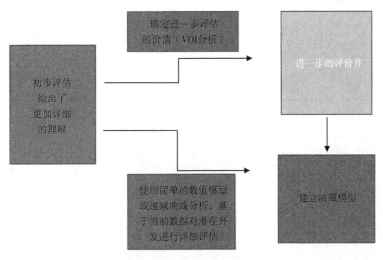

图8.2 早期评估示意图

因此，鉴于可用的数据非常有限（基本来自单个探井），对方案的评估将需要大量的简化假设。我们需要探索一系列可能的开发方式，特别是对于油藏（衰竭式开发、溶解气驱动、水驱开发）和凝析气藏（衰竭式开发、气体回注）。对于这些选项中的每一个，都需要根据经济指标对其产能、井数、上产速度、稳定期产量进行优化。

从早期有限的数据中，获得任一开发方式下的产量的方法如下：

（1）通过常规方法（孔隙度、面积、储层厚度、净毛比、含水饱和度）估算储层中油和气的储量（V_o）。

（2）关注初始流量（q_o），此流量必须是无阻流量。在必要时需要约束和调整此流量的大小。

（3）基于油气藏类型对采收率（R_f）做出初步假设。一些典型值见表8.1。

（4）从 $V_R = V_o R_f$ 估算石油或天然气的产量。

（5）对井的数量（n_w）做一个初步假设。

（6）估算单井产量。通过参考临近储层的生产数据，使用产量递减分析或简单的数值模型（如第4章所介绍的储油罐模型，或简单的数值模拟模型）来完成。下面将讨论如何使用临近储层的生产数据和产量递减分析来预测单井产量。单井数值模拟在第4章和第5章已经讨论过。

（7）计算上产所需井的总数（或水驱开发下的注采井组），确定任意时刻的产能潜力和最大稳定产液速度。使用简单的 Excel 表格（"aggregation oil and aggregation gas"累计产油和累计产气）。输入单井生产速率、开井时间和最大稳定产液速度，便可得到整个储层的总产液量和总产能。电子表格衡量对超出限制最高产液的累计产量进行了平均，超过此

121

产液量时会得到额外的产量（参见图 8.3 中的示例）。利用上述方法得到的最高产液量的例子如图 8.4 所示。

表 8.1　不同驱动机制下的典型采收率范围　　　　　　　　　　　　　　单位:%

驱动机制	范围	平均值
气藏—气体膨胀	65~95	80
油藏—原油膨胀	2~10	6
溶解气驱	25~35	30
气顶驱	20~40	30
底水驱	20~40	30
水驱	40~60	50

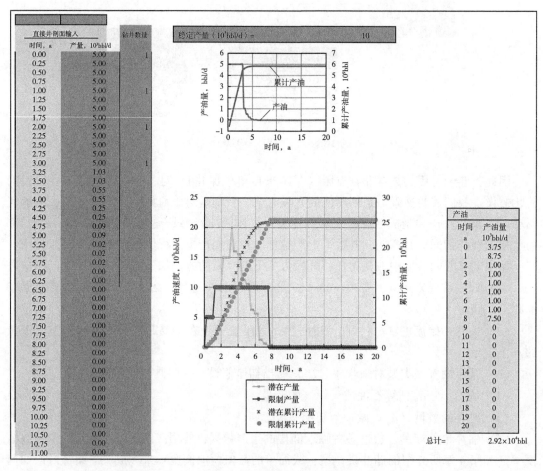

图 8.3　产油总量和产气总量

（8）对开发方案进行经济学评估，计算净现值（NPV）和投资回报率等参数。

具体操作如下：

①优化设施。避免使用容量较小、仅能在短时间内使用的设施（例如分离设备等），必须保证合理的恒定产液速率。

122

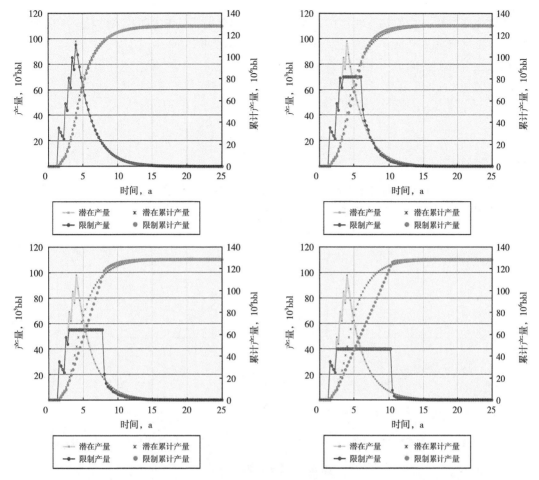

图 8.4　限制最高产液量的生产曲线

②政策风险。公司将提高采液速率，以便在被认为具有高度政策风险的地区尽早收回成本，产生效益。

③合同安排。特别是对于天然气而言，销售合同可能相当长，应当设定较低的稳定采气速度——天然气买家可能对较低采气速度的长期合同更感兴趣。

④储层特征。储层不确定性较高时，建议采用较低的（更安全、保守的）恒定产液速率。

⑤经济限制。当生产成本等于产品价值时，生产将终止。

现在可以在所有这些因素的基础上对开发方案进行优化。前面几章已经介绍了各种经济指标的计算方法和意义。

8.3　相似储层数据的应用

在勘探开发新的油气藏之后，利用来自地质情况相似的储层的数据，特别是如果发现于同一区域的相似储层，将对新区的开发十分有利。

这些相似的储层应当在地质结构和沉积特征上具有相似性。通过对比之后，我们可以缩小相似储层的备选范围。

新发现油气藏以相似储层相同的开发方式开采当然是最有价值的。可以基于相似储层中已经得出（或预期得到）的采收率来预测新区的采收率。

根据已有的相似储层数据将能得到单井产量的变化。

8.4 产量递减分析的经验方法

8.4.1 概述

这些具有足够多变量的半经验方程，能够拟合多种类型的产量递减方式。

最常用的是 Arp 方程（图 8.5）：

$$q = q_o \frac{1}{(1 + bD_o t)^{1/b}} \tag{8.1}$$

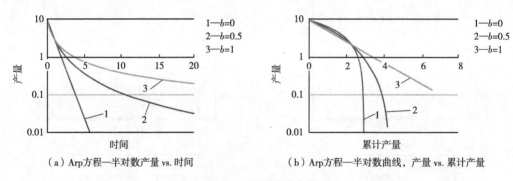

（a）Arp方程—半对数产量 vs. 时间   （b）Arp方程—半对数曲线，产量 vs. 累计产量

图 8.5　产量递减曲线

其中：q_o 为初始产量；D_o 为初始产量递减率；b 为递减指数。

当 $b=0$ 时，式（8.1）成为

$$q = q_o e^{-D_o t}$$

当 $b=1$ 时，式（8.1）成为

$$q = \frac{q_o}{1 + D_o t}$$

必须指出的是，任何 Arp 方程的推导都建立在许多假设基础上，因此该等式是一个粗略的简化。然而，它在早期建模中非常有用。初始产量和初始产量递减率可以为未来的油藏的产量预测提供重要依据。

在使用 Arp 方程时，必须理解其局限性，应将其视为一个经验性或至多是一个半经验方程的方法。

8.4.2 气井

在递减分析中，应该至少在有一些案例中，Arp 方程应视为半经验公式。

对于单个自由流动的井，假设井底压力恒定，产量的递减将经历三个阶段：

（1）早期不稳定流动；

（2）中期拟稳态流动；

（3）边界控制流动。

通过改变 Arp 方程中的递减指数 b，可以近似地模拟这三个阶段中的最后两个。对于边界主导控制的流动，$b=0$（指数下降）是合适的。在稳态阶段，$b=1$ 适用于气井。对于早期不稳定流动，初始递减率 D_o 占主导地位，b 的值对其影响不大。通常情况下，页岩气井需要进行单井的自由流动模拟，这将在第 9 章中进行讨论。对于传统油田，我们将对油藏中的多个油井同时进行模拟，这些井的开采速度都要受最高产液量的限制，直到井底压力降至最低压力后，产量开始下降。从这时开始，流动几乎肯定会处于边界控制流阶段，应该使用指数下降规律进行模拟（$b=0$）。

8.4.3　油井

由于存在许多不同的驱动机制，和多种储层参数对油井的强烈影响，Arp 方程被认为是经验公式。当拥有大量生产数据时，可以将 Arp 方程与这些数据相匹配进行未来产量递减的预测（假设未来的驱动机制不变）。一般而言，在没有其他指导可参考的情况下，最好假设产量呈指数递减规律（$b=0$）。对于水驱，可以假设稳产的最高产量接近初始产量 q_o，注水井在油井水淹之前为其提供驱动能力保持其产量（参见第 6 章）。在水淹之后，最安全保守的是假设产量呈指数递减规律。

8.4.4　针对 Arp's 衰落方程的 Excel 电子表格

可以使用 Arp's（油井）和 Arp's（气井）分析的电子表格来生成产量递减曲线。

8.5　单井分析方法

单井分析方法在第 4 章中有所介绍，包括物质平衡方法、Buckley-Leverett 分析方法和单井产量与时间相关的数值模型。

8.6　方案评估：敏感性分析

在发现探井并充分评价以上所讨论的开发备选方案之后，需要做出关于第一口评价井的决定，以及决定需要从这些井中收集哪些数据。为制订该决策，应通过敏感性分析确定影响生产和成本的关键参数——最好通过建立简单的油藏数值模型（如第 5 章所述），或上面讨论的单井分析/累计产量评估的方法来完成。然后将结果用于生成"龙卷风图"，如图 8.6 所示。

使用同一预测模型并从 P50（基础模型）开始，输入各种不确定参数的 P90（下限）和 P10（上限）值（所有其他参数保持不变），并确定产量、采收率、储量、净现值。然后为每个不确定参数构建其对储量影响的龙卷风图。

一些参数如总岩石体积（图 8.6 中的示例中的 GRV）或储层的物理性质可能对储量具有非常显著的影响，而在图 8.6 中 K_v/K_h（垂向/水平渗透率）或储层非均质性可能对

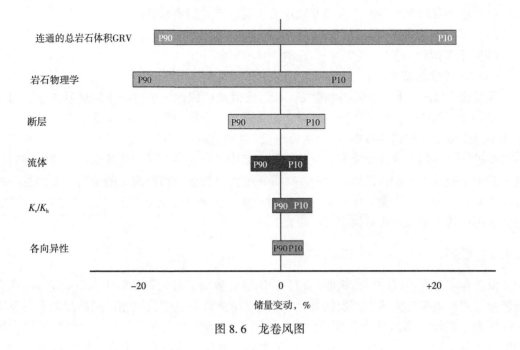

图 8.6　龙卷风图

储量的影响十分有限。

　　然后，根据敏感性分析结果对评价井和所需收集的资料进行决策：为最敏感参数提供信息是决策要考虑的优先事项。收集和分析这些新数据的实际价值可以使用下一节中描述的 VOI 分析进行评估。

　　通过利用各类参数的上限和下限值可以计算出储量的变化范围，这对于了解油藏风险也很重要。

8.7　信息价值（VOI）

　　信息价值 VOI 是一项成本/收益分析，用于计算不同投资决策的估计货币价值（EMV），以进一步收集信息，更有效、准确地了解储层。下面，用一个简单的例子来解释。

　　考虑如图 8.7 所示的情况。在该储层中，有一个勘探井和一个评价井。从地震数据中不清楚现场的右侧区域是否通过断层与左侧相通（断层可能是封闭的或部分封闭的），或断层是否具有良好的渗透性。

　　这时需要决策的问题是，需要 4 口或是 3 口开发井（一口井节省约 1500 万美元）用于全储层的开发；并且最敏感参数的 P90（下限）值将导致净现值为负，要考虑储层是否有足够的储量保证最低的经济收益。

　　在油藏开发有可能亏损的情况下，钻一口新的评价井（成本约为 1000 美元）所能带来的价值是多少？

　　在我们对最敏感参数不进行确定而继续储层开发的情况下估算 EMV（4000 美元）；并通过与打评价井对最敏感参数进行信息收集的情况做 EMV 的对比。

　　我们假设 4 口开发井的成本为 1500 万美元/口，评价井的钻井成本为 1000 万美元。

126

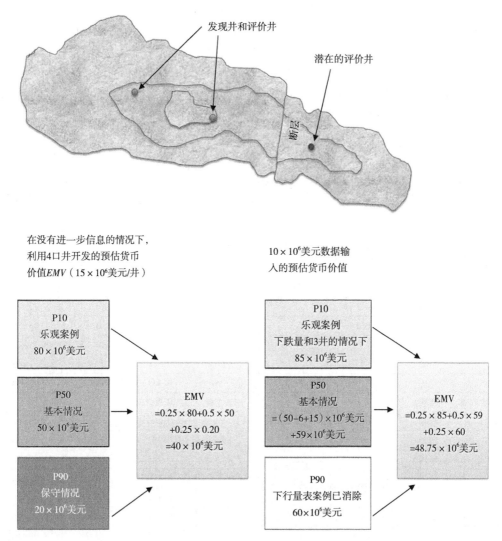

图 8.7 VOI 分析示例

如果通过打评价井发现在未探明区域内没有有效储层，那么开发该储层并不经济，因此该信息的"价值"等于开发井钻探的总成本（4×1500 万美元 = 6000 万美元）。打评价井还有一个潜在的好处，新获取信息可能允许现场仅用 3 口井而不是 4 口井开发。我们可以将此视为一个 P10 案例。

在这个案例中，打评价井的最终 EMV 为 4875 万美元，而不打评价井的 EMV 为 4000 万美元，因此评价井的信息价值 VOI 约为 875 百万美元（图 8.7）。

需要强调的是，新的信息只有在能够改变与经济有关的决策，对 VOI 分析产生影响的情况下才具有价值。

8.8 思考与练习

Q8.1 列出现场开发的各个阶段以及每个阶段涉及的主要特征。

Q8.2 下表显示了一口生产井以水驱方式开发的预计产量（季度平均值）。假设布井方

127

式为线性井排，即油水井数量相同。

使用本书所提供的 aggregation-oil（累计产量—油井）Excel 表格和 oil field economics 油田经济学 Excel 表格，通过改变井的开采时间和最高稳定产液量来优化开发方案 [以 NPV（10）为判断标准]。

该储层的孔隙体积为 $2×10^8$ bbl，假设共有 12 口生产井和 12 口注水井。每口井的钻井成本为 20 美元，不同最高稳定产液量对应的设施成本如下所示。

假设通货膨胀率为 3%，税率为 40%，油价为 90 美元/bbl。对 3 口井/a、6 口井/a、12 口井/a 钻井计划的经济收益进行排序。

时间，a	产量，bbl/d	时间，a	产量，bbl/d	时间，a	产量，bbl/d	时间，a	产量，bbl/d
0	0						
0.25	10000	5.25	237	10.25	2.70	15.25	$3.13×10^{-2}$
0.5	10000	5.5	189	10.5	2.16	15.5	$2.51×10^{-2}$
0.75	10000	5.75	151	10.75	1.73	15.75	$2.01×10^{-2}$
1	10000	6	121	11	1.38	16	$1.61×10^{-2}$
1.25	10000	6.25	96.7	11.25	1.10	16.25	$1.29×10^{-2}$
1.5	10000	6.5	77.3	11.5	0.883	16.5	$1.03×10^{-2}$
1.75	10000	6.75	61.8	11.75	0.707	16.75	$8.25×10^{-3}$
2	4400	7	49.4	12	0.566	17	$6.61×10^{-3}$
2.25	3510	7.25	39.5	12.25	0.453	17.25	$5.29×10^{-3}$
2.5	2810	7.5	31.6	12.5	0.362	17.5	$4.24×10^{-3}$
2.75	2240	7.75	25.2	12.75	0.290	17.75	$3.40×10^{-3}$
3	1790	8	20.2	13	0.232	18	$2.72×10^{-3}$
3.25	1430	8.25	16.1	13.25	0.186	18.25	$2.18×10^{-3}$
3.5	1140	8.5	12.9	13.5	0.149	18.5	$1.75×10^{-3}$
3.75	912	8.75	10.3	13.75	0.119	18.75	$1.40×10^{-3}$
4	728	9	8.24	14	0.952	19	$1.12×10^{-3}$
4.25	582	9.25	6.59	14.25	0.762	19.25	$8.98×10^{-4}$
4.5	465	9.5	5.27	14.5	0.610	19.5	$7.19×10^{-4}$
4.75	375	9.75	4.22	14.75	0.488	19.75	$5.76×10^{-4}$
5	297	10	3.37	15	0.03907925		

最大产液量，bbl/d	成本，10^6 美元
10000	800
20000	900
30000	1000
40000	1300
50000	1600
60000	1900
70000	2200
80000	2500
90000	2800
100000	3100

Q8.3 对于 Q8.2 所制定的最佳方案，在实际实施的过程中出现了井的产能低于预期的现象。实际储量与预测的大致相同，但是井的产量在稳定产液量上维持的时间较短，之后的递减比预期的要平缓。具体的产量见下表：

时间, a	产量, bbl/d	时间, a	产量, bbl/d	时间, a	产量, bbl/d	时间, a	产量, bbl/d
0	0						
0.25	$1.00×10^4$	5.25	$1.50×10^2$	10.25	$1.71×10^0$	15.00	$2.49×10^{-2}$
0.50	$1.00×10^4$	5.50	$1.20×10^2$	10.50	$1.37×10^0$	15.25	$1.99×10^{-2}$
0.75	$1.00×10^4$	5.75	$9.59×10^1$	10.75	$1.10×10^0$	15.50	$1.59×10^{-2}$
1.00	$1.00×10^4$	6.00	$7.66×10^1$	11.00	$8.77×10^{-1}$	15.75	$1.28×10^{-2}$
1.25	$5.46×10^3$	6.25	$6.13×10^1$	11.25	$7.01×10^{-1}$	16.00	$1.02×10^{-2}$
1.50	$4.36×10^3$	6.50	$4.90×10^1$	11.50	$5.61×10^{-1}$	16.25	$8.19×10^{-3}$
1.75	$3.48×10^3$	6.75	$3.91×10^1$	11.75	$4.49×10^{-1}$	16.50	$6.56×10^{-3}$
2.00	$2.78×10^3$	7.00	$3.13×10^1$	12.00	$3.59×10^{-1}$	16.75	$5.25×10^{-3}$
2.25	$2.22×10^3$	7.25	$2.50×10^1$	12.25	$2.88×10^{-1}$	17.00	$4.21×10^{-3}$
2.50	$1.77×10^3$	7.50	$2.00×10^1$	12.50	$2.30×10^{-1}$	17.25	$3.37×10^{-3}$
2.75	$1.42×10^3$	7.75	$1.60×10^1$	12.75	$1.84×10^{-1}$	17.50	$2.70×10^{-3}$
3.00	$1.13×10^3$	8.00	$1.28×10^1$	13.00	$1.47×10^{-1}$	17.75	$2.16×10^{-3}$
3.25	$9.04×10^2$	8.25	$1.02×10^1$	13.25	$1.18×10^{-1}$	18.00	$1.73×10^{-3}$
3.50	$7.22×10^2$	8.50	$8.18×10^0$	13.50	$9.45×10^{-2}$	18.25	$1.39×10^{-3}$
3.75	$5.77×10^2$	8.75	$6.54×10^0$	13.75	$7.56×10^{-2}$	18.50	$1.11×10^{-3}$
4.00	$4.61×10^2$	9.00	$5.23×10^0$	14.00	$6.05×10^{-2}$	18.75	$8.92×10^{-4}$
4.25	$3.68×10^2$	9.25	$4.18×10^0$	14.25	$4.85×10^{-2}$	19.00	$7.15×10^{-4}$
4.50	$2.94×10^2$	9.50	$3.34×10^0$	14.50	$3.88×10^{-2}$	19.25	$5.73×10^{-4}$
4.75	$2.35×10^2$	9.75	$2.68×10^0$	14.75	$3.11×10^{-2}$	19.50	$4.59×10^{-4}$
5.00	$1.88×10^2$	10.00	$2.14×10^0$			19.75	$3.68×10^{-4}$

计算此案例中的 NPV（10）并与上述进行比较。

Q8.4 使用 Excel 表格（"Arp's equation-oil"）预测产量递减曲线。假设初始产量为 $10×10^6$ bbl/d，第一年生产速率下降 50%，递减指数 b 的取值分别为 0，0.5 和 1.0。比较三种情况下的产量递减曲线、绘制产量与时间的半对数关系图表，产量与累计产量的半对数关系图表。

Q8.5 下表显示了许多油藏不确定参数的 P90—P10 范围。使用提供的 Excel 表格（"Tornado diagram"）根据这些数据生成龙卷风图。讨论各参数对结果的影响。

敏感性参数	基本情况储量（$99.6×10^6$ bbl），10^6 bbl	
	P90	P10
地震 GRV	52	120
岩石物理学	77	110
断层	89	114
K_v/K_h	92	104
各向异性	88	100
PVT	92	102

Q8.6 一个新发现的小规模气藏，主要的不确定参数是其气水界面的深度。对此气藏进行经济评价，P50 的 NPV 为 1 亿 8 千万美元，P20 的 NPV 为 2 亿美元，考虑到气水界面可能高于估算值，气井存在水淹和水锥的可能，其 P10 的 NPV 只有 9000 万美元。要降低此参数的不确定性，需要打新的信息评价井（成本为 1000 万美元）。如果气水界面处于较高水平，则可以通过在气藏顶部钻水平井来克服该问题。额外的费用为 1500 万美元。假设水平井可以完全消除 P90 的风险，使用本书提供的 Excel 表格（"VOI"）确定钻新信息井的价值。

Q8.7 新发现一个小规模油藏，作为油藏工程师，要求你根据非常有限的数据，评估各种水驱开发备选方案的合理性。这些总结如下。

地质/油层物理数据：

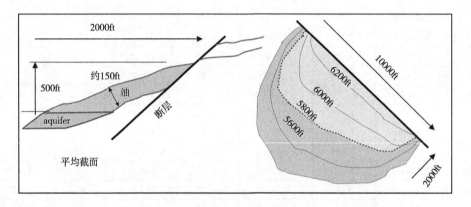

平均孔隙度 15%，束缚水饱和度 20%，净毛比 0.80。
井底压力为 1000psi 时，产油量为 4500bbl/d。
实验室数据：绝对渗透率 150mD。相对渗透率如下：

S_w	K_{rw}	K_{ro}
0.20	0.00	0.90
0.25	0.001	0.73
0.3	0.01	0.58
0.35	0.02	0.44
0.40	0.04	0.32
0.45	0.06	0.23
0.50	0.10	0.14
0.55	0.14	0.08
0.60	0.20	0.04
0.50	0.27	0.01
0.70	0.35	0.00
0.75	0.44	0.00
0.80	0.55	0.00

油黏度 = 2.0 mPa·s，水黏度 = 0.5 mPa·s，B_o = 1.5，油的相对密度 = 0.75，水的相对密度 = 1.05。

经济假设：油井成本 1000 万美元/井；每 2000bbl/d 产量的设施成本为 1 亿美元；油价为 1000 万美元/bbl，贴现率 10%，通货膨胀率 3%，税率 40%。

首先需要考虑注水井和生产井的井位，估算水驱开发情况下的单井产量。建议使用本书提供的电子表格（"waterflood"）并输入上述一些地质和实验室数据。假设油藏使用 4 口注水井和 4 口生产井开发，注水速度为 6000bbl/d。

得到单井产量后，优化整个油藏的产量（开发总时间和油藏最高稳定产液量）。建议使用本书自带的电子表格（"aggregation-oil" 和 "economics indicator"）。

将得到的最优的开发方案和各开发阶段，以及电子表格的输入和输出参数整合起来，展示方案中的井网分布，单井产量，无水采收率和最终的采收率。通过对比其他开发方案（生产时间和最高稳定产液量），从经济评价的角度说明此方案为最佳选项。

8.9　拓展阅读

R. Brafvoid, E. Bickel, H. Lohne, Value of Information in Oil and Gas Industry, 110, 378-PA SPE Journal Paper（2009）.

P. Cockcroft, K. Moore, Development Planning: A Systematic Approach, SPE 28, 782（1994）.

8.10　相关 Excel 表格

Aggregation-oil（累计产量—油井）。

Aggregation-gas（累计产量—气井）。

Arp's equation（oil）[Arp 公式（油井）]。

第9章　非常规油气资源

9.1　引言

非常规油气资源正在成为油气资源中越来越重要的一部分。在本章中，将主要介绍以下内容。

（1）页岩气和页岩油。

（2）煤层气（CBM）（在美国以外区域也被称为 CSG，煤层气另一种名称缩写）。

（3）重质油。

其中，尤其是页岩油气变得越来越重要，如图9.1所示。

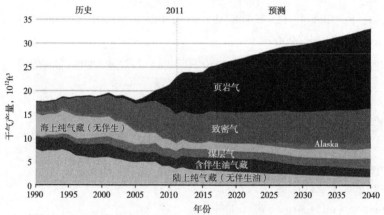

来源：U.S. Energy Information Administration, Annual Energy Outlook 2013 Early Release

（a）

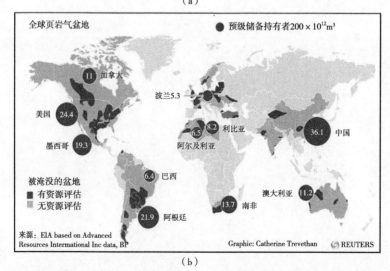

（b）

图9.1　按来源类型和全球页岩气资源生产的天然气分布（美国能源情报局 EIA）

9.2 常规和非常规油气资源之间的差异

表9.1总结了以常见的页岩油气和煤层气为主的非常规油气资源与常规油气资源之间的主要差异。

表 9.1 常规和非常规油气资源之间的主要差异摘要

序号	常规油气资源	非常规油气资源
1	聚集不连续	聚集连续
2	自由气相或油相	自由气相或油相以及吸附油气
3	中低程度的渗透率非均质性	较高到极高的渗透率非均质性
4	产水逐渐升高	产水逐渐下降
5	通常使用连续油藏模型	通常最好采用聚合井模型（非均质性决定）
6	通常井数相对较少（10~100 口）	
7	试验开发的方式并不典型	通常进行试验开发的方式

非常规油气资源通常聚集在大面积范围内的地层中，而且受流体动力学的影响并不明显，因此储层边界更难以建立。这些非常规油气聚集区域内的煤层或页岩性质往往存在明显的变化，这就意味着与传统油田相比，很可能需要更高的采样密度和更多的试验方案，以降低进行重大开发时的不确定性。

9.3 页岩油气

9.3.1 全球分布

全球范围内已知的页岩气盆地如图9.1所示。美国页岩油气资源目前得到了最为广泛的开发。在美国，页岩油储量主要集中在巴肯（Bakken）和鹰滩（Eagle Ford）储层中。页岩油气资源的开发最近遇到了许多环境问题，这些问题已经减缓了美国和其他地区页岩油气的开发。

9.3.2 页岩的特性

页岩是由黏土类（黏土、石英和方解石碎片混合而成）组成的细粒沉积岩。它具有非常低的渗透率［在纳达西（nD）范围，如图9.2所示］，但它可能含有较高的有机物含量（即总有机物质的含量，TOC），通过测井过程中的伽马射线测量（通常认为2%是页岩资源的下限）。

在页岩气和石油中，生成"原位"烃，使得页岩既作为生源岩，又作为储层和盖层。这不同于常规油藏的生、储、盖分离的情况。

高品质页岩需要具有良好的孔隙度和较高的TOC。

气体地质储量（GIP）是通过每英亩的TOC含量、孔隙度和页岩层厚度来计算。有些气体处于吸附状态，可以在较低压力下释放出来，从而增加总的气体地质储量。

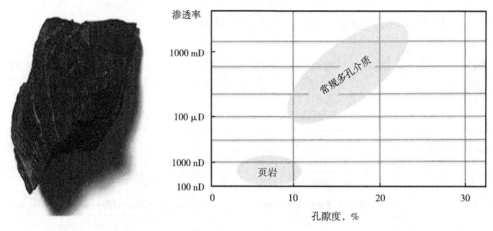

图 9.2 页岩的性质

由于页岩渗透性非常低，必须通过压裂的方式来开发页岩油气。

9.3.3 压裂

由于渗透率非常低，页岩储层通常需要通过水力压裂使得油气井具备产能。水力压裂，通常称为压裂，是一种将水与沙子和化学药剂的混合物在高压条件下注入井筒中产生裂缝的技术，气体和水等流体可以沿着这些裂缝运移到井中（图9.3）注入的小颗粒支撑剂（沙子或氧化铝颗粒）就会使这些裂缝在岩石达到平衡状态下保持打开。

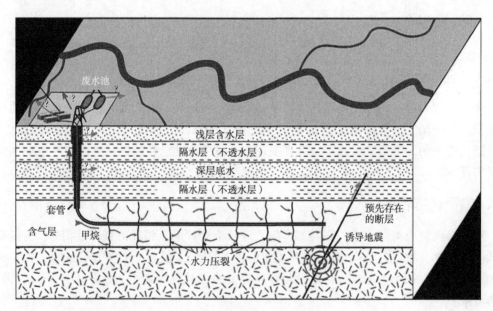

图 9.3 水力压裂（维基百科）

通常，页岩气井是水平井（4000～5000ft），具有 8～12 级压裂。

水力压裂有效地开辟了两个有利区域。

水力压裂体积（HFV）是指注入的流体和沙子直接压裂开并通过支撑剂保持打开的裂

缝体积。水力压裂裂缝通常与井筒垂直。

压裂改造体积（SFV）是未受支撑但在水力压裂区域之外被诱导形成的裂缝体积。它通常是水平裂缝，并且源于先前存在的微裂缝。

在压裂中形成总改造体积（HFV 和 SFV），这与渗透率（包括有效裂缝和与裂缝联通的页岩基质）一道决定最终采收率。

页岩油气的采收率是裂缝几何拓展形状和初始储层压力（主要取决于深度）的函数。成功的水力压裂将取决于两个因素：

（1）水力压裂裂缝前段扩展的微裂缝和其他裂缝的性质。

（2）页岩本身的地质力学性质，如脆性等（杨氏模量的大小）。脆性高的页岩通常会使页岩的开发更成功。

在压裂之后，气井的初始产量可以在 $100 \times 10^4 \sim 1200 \times 10^4 \mathrm{ft}^3/\mathrm{d}$ 的范围内。压裂成功与否取决于页岩基质/裂缝界面的张开程度和压裂过程产生裂缝的渗透率。

9.3.4　利用微震监测压裂改造

微地震监测基于用于检测和定位水力压裂引起的微地震，从而确定断裂的平面和垂直方向范围。然后可以利用微地震结果绘制这些裂缝的几何图形。精度敏感的地震仪放置在相邻的井中。在每次压裂时，记录所产生的地震事件，从而确定次生裂缝的程度，其示意图如图 9.4 所示。

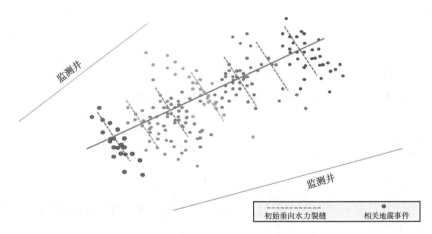

图 9.4　微地震

9.3.5　页岩气可采储量

对于页岩而言，页岩气地质储量（*GIP*）通常利用早期的测井数据就能够得到很好的定义。

可采储量则是标准的页岩油/页岩气地质储量（*GIP*）乘以最终采收率（R_F），因此对于页岩油藏：

$$R = 7758 A h_v \phi (1 - S_w)/B_{oi} \cdot R_F \tag{9.1}$$

对于页岩气藏：

$$R = 7758 A h_v \phi (1 - S_w)/B_{gi} \cdot R_F \tag{9.2}$$

135

因此，关键因素是现有开发技术下的采收率和给定开发项目的经济因素（即钻井成本和压裂成功率）。开发技术对应的采收率取决于所改造的体积（如上所述），这是非常难以估计的，直到具备了一系列开发井中获得的大量生产数据的阶段。

页岩气的采收率通常在 10%~30%（在 30 年开发周期内），这就是估算的最终采收率，因此，比如 $1300×10^{12}ft^3$ 页岩气地质储量可以最终开发得到 $130×10^{12}~390×10^{12}ft^3$ 的可采页岩气。

然而，同样重要的是经济性因素。页岩气/油井的钻井和压裂的成本在 400 万~900 万美元，因此天然气价格对于开发的经济效果至关重要。

油页岩往往比天然气页岩更具经济性，但不论页岩油还是页岩气，在任何项目开发之前都必须确定一定的投资回报率。

模拟显示，通常压裂获得 10%~30% 的页岩气地质储量，具体采收率取决于裂缝密度，压裂面的面积/基质体积，以及给定时间段内可以从页岩基质运移到裂缝中的气体量。因此，改造的动用体积将取决于页岩中的天然裂缝，系统中的应力分布以及水力压裂方法和压裂条件。

9.3.6　生产曲线的估算

页岩气井初期可以达到相当高的产量（高达 $12×10^6ft^3/d$），但其产量下降迅速（在第一年内降低多达 80%）。单井生产曲线通常采用第 8 章中讨论的 Arp 递减分析方程（或双曲线法）进行估算。然后将单井产量汇总得到该区块的页岩气总产量预测。但是，Arp 递减分析方程实际上并不适合预测页岩气的下降分析，并且往往会过高地预估最终回收率。Ilk 及其他学者提出的指数方程，结合给定的一组适用参数，会更适合于生产曲线和采收率预测。简单的数值模型（如双孔介质数值模型）也是评估页岩油气的有用工具，因为它无须依赖于可能不够准确的半经验方程方法，如 Arp 递减方程或指数方程。

9.4　煤层气

9.4.1　全球分布

目前煤层气的开发项目主要在美国、加拿大和澳大利亚（中国的煤层气项目并未被原作者提到。译者注）。

9.4.2　煤层气的特性

煤层气（CBM）是指作为单分子层吸附在煤层固体基质上的甲烷。煤层中的开放裂缝（称为割理，并且通常大致垂直）也可能包含游离气体，但通常最初被水所饱和。这与常规气体储层截然不同，常规气体储层最初位于气藏区域中的孔隙空间中。

与传统油气藏中的天然气大为不同的是，煤层气含有极少量的重烃。它通常会含有一定比例的二氧化碳。

钻井过程中，会采出煤层的水，并且割理中的压力会下降。随着压力的降低，原本在煤层基质表面上的甲烷量逐渐减少，气体因此释放出来。所以，随着产水量的减少，产气量随时间不断增加（图 9.5）。气体的解吸量则取决于 Langmuir 等温线的性质，如图 9.5 所示。

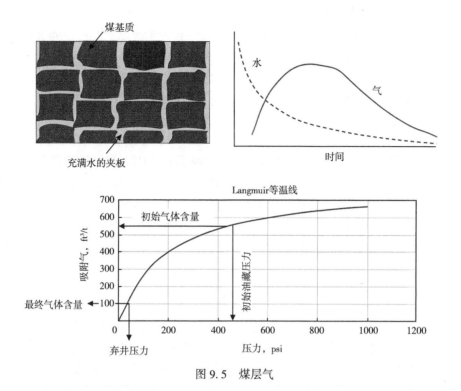

图 9.5　煤层气

9.4.3　页岩气地质储量估算

煤层气中的 GIP 是根据面积、煤层净厚度、地层条件下煤层在的密度和气体含量估算的，并且考虑灰分和含水量。因此

$$GIP = Ah_v\rho_cG_c(1 - A_c - W_c) \tag{9.3}$$

或在现场单位制中：

$$GIP = 4.36 \times 10^{-5}Ah_v\rho_cG_c(1 - A_c - W_c) \tag{9.4}$$

式中：GIP 为气体在储层条件下的储量，10^9ft^3；A 为面积，acre；h_v 为净煤厚度，ft；ρ_c 为煤在地层条件下的密度，g/cm^3；G_c 为原位气含量，m^3/t；A_c 为煤层中灰分的含量；W_c 为水分含量。

9.4.4　采收率

煤层气最大采收率取决于 Langmuir 等温线的特性。

最大采收率 R_F 由下式给出：

$$R_F = （初始气体含量-最终气体含量)/气体地质储量$$

典型采收率范围为 30%~50%。

9.4.5　生产潜力和储量估算

由前面内容可知：

$$R = 4.36 \times 10^{-5} Ah_v \rho_c G_c (1 - A_c - W_c) R_F \qquad (9.5)$$

上述采收率实际上是根据 Langmuir 等温线确定的理想采收率，是假设的等温线条件下可达到的最大值。其中，假设了水驱开发过程完备且有效，但这通常在煤层气井中难以实现。活跃的底水层可以抵消部分或全部气体释放过程所需的压降损失。因此，通常需要试点方案测试来评估开发的风险。

在许多情况下，由于储层内井间性质的急剧变化也会产生一些问题。因此，重要区域的物性均值假设可能会产生误导。对于"典型"井的产能递减曲线（通常是 Arp 方程），通过考虑含水率下降造成的气体流量增加，这个思路通常被用于煤层气的建模。当有足够多的典型井的开发历史数据时，这种方法会特别有用。随着水的排出，煤层气产量缓慢增加。气井产能典型的最大产量通常低于 $1.0 \times 10^6 \mathrm{ft}^3/\mathrm{d}$。但与页岩气的情况不同之处在于，煤层气井的产量下降相对较慢。

煤层气储层的建模方法也使用双重孔隙介质的数值模型，并考虑 Langmuir 等温线以表征煤层基质的气体解吸。

9.4.6　产水的处理

在煤层气资源开发过程中，早期产出的地层水可能是开发过程中存在的一个问题。处理方案包括：建立收集"池"，使产出水逐渐减少；排放入河流中；或者通过反渗透进行纯化（反渗透指溶剂通过半透膜从低浓度溶液进入高浓度溶液从而实现纯化）。前两种选择对环境并非有利，因为水中通常含有大量的盐和（或）碳酸氢钠；但是，反渗透中的纯化过程的成本比较昂贵。

9.5　重质油

9.5.1　概论

重质油的分类通常指 API 重度（美国石油协会密度定义）低于 20°API 且在储层条件下黏度大于 200mPa·s 的油。随着常规石油资源逐渐开发枯竭，重质油的开发将变得越来越重要。在世界范围内，重质油的资源量可能是常规石油资源的 2 倍。

重质油传统的开发方式包括注蒸汽和火烧油层。一种较新的且尚未经过大量测试的新方法是"稠油油砂冷采技术"。

下面将对这些方法进行简要讨论。传统方法主要利用重质油黏度对温度的较强的依赖性特点。这种黏度对温度的依赖性典型曲线如图 9.6（a）所示。在温度升高的过程中，界面张力也随之降低。

9.5.2　连续注蒸汽

注蒸汽主要有两种方法：连续注蒸汽和周期注蒸汽方法。

连续注入蒸汽与注水开发过程（如前面内容所述）相似，该过程中注入蒸汽提供驱动力，并且降低原油黏度。图 9.6 中的原理图展示了连续注入蒸汽这个过程。

重力作用可用于帮助蒸汽驱油（比如蒸汽辅助重力泄油 SAGD 方法）。注蒸汽开发的采收率可以高达 50%。

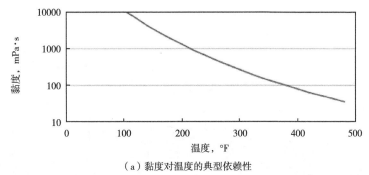

（a）黏度对温度的典型依赖性

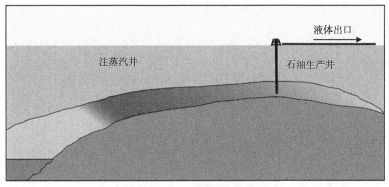

（b）连续蒸汽流动示意图

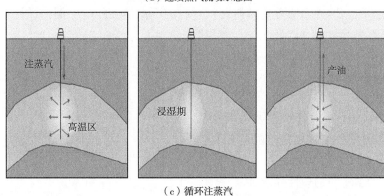

（c）循环注蒸汽

图9.6 重油开发

9.5.3 周期注蒸汽

周期注蒸汽方法，也被称为蒸汽"吞吐"，包括三个阶段：注入、闷井和生产过程（图9.6）。将蒸汽注入井中关井一定时间（闷井过程），从而加热注入井周围区域的原油，同时降低原油黏度。然后进入生产期，这时注入的蒸汽提高地层压力，有助于将加热原油并将其驱入井中。周期注蒸汽的采收率通常低于20%。

9.5.4 火烧油层方法

火烧油层方法的过程包括注入空气、随后点燃并燃烧原油。随着原油的燃烧，燃烧前缘向生产井移动，从而加热原油并降低其黏度。同时，油藏中的束缚水汽化，不断膨胀扩散并且提供驱动力。火烧油层的过程如图9.7所示。它在某些区域取得了成功的应用，主要包括其他开采方法无法使用的重稠油油藏。

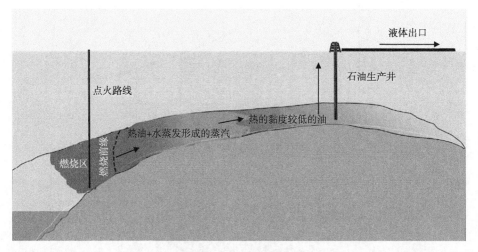

图9.7　燃烧生产示意图

9.5.5　稠油油砂冷采方法

在稠油油砂冷采方法中，通过将油砂采出的方法来开发储层中的重稠油。利用稠油油砂冷采方法发现油砂开采可以使生产速度提高一个数量级甚至更高。该方法包括对储层施加脉冲压力的过程。这种方法具有抑制开发过程的不稳定性影响，例如黏性指进或高渗透性通道，克服毛细管阻力，以及减少孔喉阻塞。

9.6　思考与练习

Q9.1 列出决定页岩气压裂波及体积的因素。

Q9.2 页岩气采收率的典型范围是多少？

Q9.3 解释 HFV，SFV 和页岩气压裂波及体积的含义。

Q9.4 解释 CBM 的物理性质。

Q9.5 假设有一个 14500acre 的煤层气田，其测量参数如下：

地区 acre	压力 psi	Net coal ft	密度 g/cm^3=t/m^3	含气量 m^3/t	含灰量 %	湿度 %
14500	497.2	88.5	1.49	3.78	0.046	0.26

如果有关煤的 Langmuir 等温线如上表所示，并且关井压力为 150 psi，估算采收率并因此估算来自 CBM 的可采气体。如果规划 30 口井，预计每口井的采收是多少？

Q9.6 使用该 Excel 表格（"gas decline-zz" 和 "economic indicators-zz"）确定具有以下平均属性的页岩气单井经济可行性（盈亏平衡时的天然气价格）。

技术参数：水平井长度 4500ft，初始地层压力 9000psi，油藏温度 200℉，气体黏度 0.03cP，井筒半径 0.25ft，平均初始生产率 12000×10^{6}ft^3/d，平均累计产量 3.5×10^{9}ft^3。假设储层孔隙度为 16%，井底压力为 3000psi。（提示：使用有效半径和渗透率来估算初始产

140

量和累计产量。)

经济参数：建井成本为 700 万美元，设施成本为 100 万美元，贴现率为 6%，通货膨胀率 3%，税收为 40%。

9.7 拓展阅读

Y. Z. Ma, Unconventional Oil and Gas Resources Handbook, Elsevier, 2015.

J. G. Speight, Shale Gas Production Processes, Elsevier, 2013.

R. Flores, Coal and Coal Bed Methane, Elsevier, 2013.

C. Zou, et al. , Unconventional Petroleum Geology, Elsevier, 2013.

V. Bakshi, Shale Gas, Global Law and Business (2012) .

W. Hefley, Y. Wang, Economics of Unconventional Shale Gas Development, Springer, 2015.

第 10 章　油气田开发管理

10.1　引言

对油气田开发的监测和管理工作是油藏工程师工作的重要组成部分。在本章中，将介绍与油气田开发管理相关的关键要素。如图 10.1 所示，阴影部分显示了需要油藏工程师参与的三个要素。

由于开发早期所建立的油藏模型具有显著的不确定性，开发管理对于油藏开发的成功与否至关重要。对于具有额外的重要开发阶段，或需要对初期制订的开发方案和操作流程进行重大调整的大型油气藏，油气田开发管理尤为重要。该过程将在整个生命周期中持续进行，从而确定其最终的经济效益。

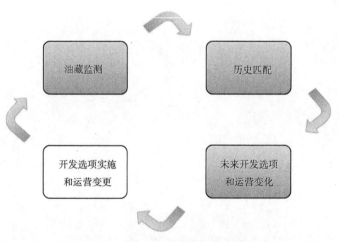

图 10.1　油气田开发管理示意图

10.2　油藏监测

如第 5 章所述，一旦油气藏开始生产，我们就能得到数据来提高和修正我们之前建立的数值模型。这些数据主要包括以下要讨论的几个类型。

10.2.1　产量数据

在井口，通常会对流体（油、气、水）的产量进行不间断的实时测量，所测数据会被直接传输至数字控制和监测中心进行分析。用于测量流量的多相流量计已经十分普遍。有时也可以使用井底流量计，但由于其安装和维护的成本较高，且容易出现故障，因此在现场中的应用并不普遍。

142

10.2.2 压力数据

一般情况下，井口压力数据都是可以获得的，而井底压力数据并不总能获得。同样，安装井下仪表费用高昂且经常发生故障，尽管随着仪表性能的提高，上述的情况正在逐步改善。井底数据的缺失为油藏监测带来一定挑战，因为在多相流系统中将井口压力转换为井底压力需要进行复杂的多相管流计算。

关井后得到的压力数据对于试井中瞬变压力分析非常重要（参照第 3 章）。为消除井筒储集效应的影响，如果条件允许，最好实行井底关井。

如第 2 章第 2.7.5 节有关收集地下流体样本的内容所述，重复地层压力测试也将在停止生产的井中提供地层压力分布的信息。

10.2.3 示踪剂数据

当我们在油藏中注水或注气时，示踪剂数据可以提供井组连通性和流场相关的有效信息。这对下一步开发方案的规划和现场的运营管理是有价值的。现场将放射性化学示踪剂添加到注入的流体中，并监测周围生产井所产出的示踪剂剂量。

10.2.4 饱和度分布——四维（时延）地震

在油气藏开发中，随时间变化的地震数据（四维地震）可以用来很好地解释地下储层流体的变化，对理解水驱前缘的移动方向和趋势十分有用。

10.3 历史拟合

历史拟合是调整储层的数值模型（地质和油藏物理）以匹配油气藏产量、饱和度和压力历史的过程。一个经过历史拟合的油藏数值模型将能更准确地预测油藏未来的开发动态，并更好地反映油藏当前的压力和饱和度分布状态。输入每口井的实际产量（历史数据），如第 5 章所述，通过调整油藏模型中的以下参数，以获得与实际储层历史数据更好的匹配：

(1) 网格的绝对渗透率；

(2) 网格的孔隙度或净毛比；

(3) 断层的位置和连通性；

(4) 油藏的地质面积；

(5) 底水层的强度。

而针对油、气、水饱和度分布，PVT（压力/体积/温度）性质，相对渗透率，毛细管压力曲线以及流体性质等参数的调整并不多。流体性质对于凝析气藏来说最为重要，其中 PVT 特性尤为重要。

如第 5 章所述，应当通过找到合适的全局（或至少是区域性）参数变化规律来完成历史拟合。采用拼凑的方法调整近井参数是绝对错误的。

10.4　开发和管理方案优化

油藏模拟的历史拟合工作结束后，油藏工程师需要考虑如何提高未来的产量和经济效益。以下是在进一步开发时需要考虑的一些事项：

（1）调整井产量（或关井）以延长无水和无气采收期；

（2）加密生产井或注入井；

（3）按照未来的开发方案部署新井；

（4）部署新的评价井，或进行试井测试；

（5）改造设备（如凝析气开采中的分离器）以提高效率；

（6）对部分井或全部井进行储层改造（如压裂、酸化等）；

（7）考虑提高采收率的方法。

在所有情况下，都需要通过构建油藏模型和经济评价来优选开发方案。

10.5　拓展阅读

N. Meeham, Reservoir Monitoring Handbook, Gulf Publishing, 2011.

J. R. Gilman, C. Ozgen, Reservoir Simulation: History Matching & Forecasting, SPE, 2013.

A. Tarek, N. Meehan, Advanced Reservoir Management and Engineering, Elsevier, 2011.

第 11 章　不确定性和矿权归属

11.1　什么是储量和资源量

公司可以通过法律手段声称对油气储量和资源方面的所有权,这对它的客户认定公司的价值和股票价格至关重要。股票市场将在此基础上对公司进行评估,并且还将评估公司对这些资源的变现速度。(随着讨论的继续,储量和资源量之间的区别将会明确。)对储量的真实评估显然非常重要。

估算储量有三个关键因素(图 11.1):

(1) 地下有多少油气资源?

(2) 从技术上可以采出的比例是多少?

(3) 为达到经济效益,可以采出的比例需要是多少?

因此,储量的广义定义为:在现有的技术和经济条件下,可供开采并获得经济效益的已探明的油气资源量。

为了实现储量或资源量的准确估算,需要适当的经济和商业成熟度。这意味着要对市场抱有合理的预期,保障畅通的市场运输途径和具有运行良好的经济环境。

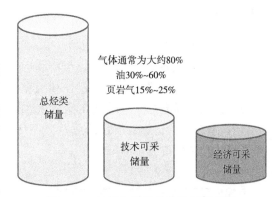

气体通常为大约80%

油30%~60%

页岩气15%~25%

图 11.1　储量与资源量关系的示意图

如果没有经济收益,那油田的储量就没有意义。例如,图 11.2 显示了一个潜在的储

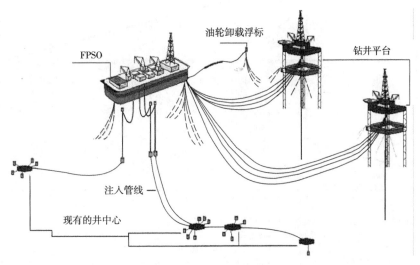

图 11.2　油藏开发示意图

层开发方案；但要声称此储层的油气储量，公司需要证明此开发方案能获得经济收益。

公司对投资者和股东的责任要求其在对储量进行评估和报告时必须采用权衡的、可审计的方法。

对储量估计不足将导致对公司的股票价值估计错误，并对公司指标产生不利影响，从而影响股价。但若对储量估计过高，会带来声誉风险并涉及治理问题，因此会生严重影响股价。

11.2 公开宣布储量所有权的国际规则

美国证券交易委员会（SEC）已经公布了如何估算和申报储量等级的规则（它们非常注重已探明储量）。其股票在纽约证券交易所上市的公司必须遵循这些规则。石油工程师协会（SPE）颁布的相关条款与 SEC 规则的差别很小。

11.3 储量的不确定性

11.3.1 不确定性概述

储量不确定性可能来自：
（1）商业不确定性——政治、市场和运输；
（2）技术不确定性——地质勘探和工程技术；
（3）经济不确定性——未来的天然气和石油价格，以及发展和运营成本。

如图 11.3 所示，随着项目的成熟，评估和开发计划和优化，以及开始生产后，这三个方面的不确定性将会不断降低。

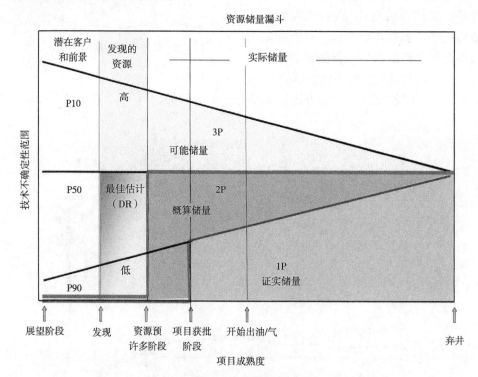

图 11.3 储量示意图：技术不确定性与项目成熟度的关系

该范围通常以概率术语定义，具有 P10，P50 和 P90 估算储量。这些估算概念在数学上定义如下：

（1）P10。储量处于此水平或超过此水平的概率为 10%，储量低于此水平的概率为 90%，估算储量上限。

（2）P50。储量高于或低于此水平的概率都为 50%，最佳估算储量。

（3）P90。储量处于此水平或超过此水平的概率为 90%，储量低于此水平的概率为 10%，估算储量下限。

随着项目成熟度的提高，不确定性降低，P10，P50 和 P90 逐渐收敛，如图 11.3 所示，直到油藏开发结束，这些值将相等。

有两种方法可以定义和量化储量不确定性——确定性及概率性。

11.3.2　储量的确定性估算

专业名词：

证实储量（P1）——具有适当的可靠性，储量的最低估算量。

证实储量+概算储量（P2）——储量的最佳估算量。

证实储量+概算储量+可能储量（P3）——储量的最高估算量。

根据敏感性分析的结果，如第 5 章所述，油藏工程师必须确定一组主要的不确定性参数，并估算其实际的上限、下限取值。

工程师必须注意不可在计算 1P 时叠加各不确定参数的下限值，或在计算 3P 时叠加不确定参数的上限值。例如，某个储层有三个主要的不确定参数，如图 11.4 所示，最佳估计（2P）储量为 $100×10^6$ bbl。

一个合理的证实储量下限应使用断层可能变化范围中 P90 的值（$-34×10^6$ bbl），而其他所有不确定参数取其 P50 的值，因此，储量估算的下限值为 $100-34 = 66×10^6$ bbl。对所有不确定参数取下限值（例如油层物理性质、各向异性参数）是不合理的，因为所有最坏的情况一起发生的概率是很小的：$(1-0.1×0.1×0.1) = (1-0.001) = 99.9\%$。

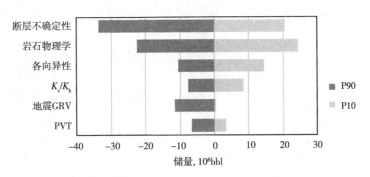

图 11.4　龙卷风图

在对证实储量+概算储量+可能储量进行上限估算时，应取油藏物理变化范围中 P10 的值（$+25×10^6$ bbl），因此，3P（证实储量+概算储量+可能储量）= $100+25 = 125×10^6$ bbl。

因此，我们确定了储量的如下估算量：

1P = 证实储量（P1）= $66×10^6$ bbl。

2P = 证实储量+概算储量（P2）= $100×10^6$ bbl。

3P＝证实储量+概算储量+可能储量（P3）＝ 125×10^{6}bbl。

11.3.3 储量的概率性估算

本节中专业名词的定与上节相同，估算储量的范围为 P90—P50—P10。假设 1P ≈ P90，2P ≈ P50，3P ≈ P10。

11.3.3.1 蒙特卡罗分析

蒙特卡洛分析可用于计算估算储量的概率范围。参与估算的参数应当相互独立（或以相对简单的方式相互联系）：

储量 = 总岩石体积(GRV) × 烃类所占比例(F) × 膨胀／收缩因子(E) × 采收率(R_F)

这里有四个参数参与了评估——GRV，F，E 和 R_F——储量的大小与由这些参数确定。蒙特卡罗分析使用计算机算法多次随机选择这些参数值的组合（根据我们给出的分布范围），并建立如图11.5所示的储量分布曲线，其中纵轴表示储量结果出现的次数。

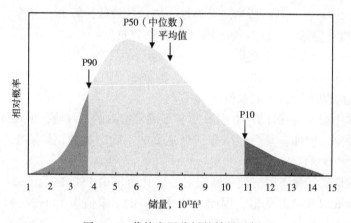

图11.5　蒙特卡罗分析的结果示例

蒙特卡洛分析更适合于勘探阶段，在开发阶段，必须建立一套能够定量估算的（即基于具体开发方案的）油藏模型。

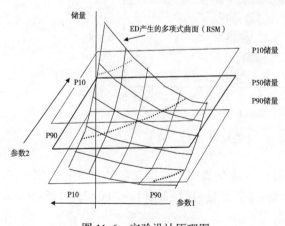

图11.6　实验设计原理图

11.3.3.2 实验设计

实验设计方法使蒙特卡罗分析方法可同油藏数值模拟模型一起使用。

根据实验设计方法对不确定参数取不同的值，可以生成多项式曲面。图11.6中的例子显示了两个不确定参数生成的多项式曲面。此多项式曲面与 P90，P50 和 P10 平面的交线上的取值为相应级别的估算储量。

我们需要从 P90，P50 和 P10 平面中选择一个参数组合作为 1P，2P 和 3P 确定性模型的基础。

11.4　不同勘探开发阶段的储量级别

11.4.1　勘探阶段的资源

在油气田勘探阶段，资源量存在最大的不确定性。勘探过程中发现原油时，则可以定义勘探资源量。

11.4.2　发现资源到预许可阶段

在未获得许可但已勘探发现资源的阶段，可以估算拥有的资源量，但还不能定义为储量。我们通常将其描述为"已勘探资源量"或有时称为"临时资源量"。

11.4.3　预获许可到项目获批阶段的资源量

预获许可阶段会有符合以下条件的时间点：

（1）项目许可预计在 3~5 年内有效（因公司不同而不同）。

（2）具有积极的市场条件，供需状况看好。

（3）显然有明确的市场和交通运输。

（4）制订一个时间范围的开发方案，规划平台/井数，成本等的开发计划（如果尚未实施，这通常是作业者的计划，即使这是比较概括）。

（5）存在与开发计划相匹配的技术模型，符合 P50 储量的常规标准。

（6）可以在东道国政府批准和合作伙伴调整方面做出合理的假设。

在此阶段内，概算储量 P2 现在通常由公司宣布：这些储量对应于他们估计的 P50 储量值。

11.4.4　项目获批到开始出油/气

项目获批是指在做出最终投资决策并且公司为开发方案做出财务承诺的阶段。

在此阶段，开发公司建造设施并钻井。探明储量在此阶段公开宣布。这个储量与估算的 P90 储量相对应。此外，必要时还宣布更新的 2P 储量（证实储量+概算储量）。

11.4.5　开发中的油气田储量

在油气田开发过程的生命周期内，证实储量以及证实储量+概算储量会在每年持续更新并公开宣布。

在任何阶段，公司都不必一定为某一油田公开储量，但通常只为地区利益而这么做。

11.4.6　国内相应的储量分类对照（译者注）

11.4.6.1　潜在资源量

根据石油地质理论，石油聚集在圈闭之中。根据勘探初期发现的圈闭大小估算出的资源量称为潜在资源量。

11.4.6.2　远景资源量

根据石油地质理论，石油是由生油岩石（源岩）生出的。根据勘探的源岩体积估算出的资源量称为远景资源量。潜在资源量和远景资源量的估算存在很大的不确定性，此时还不能将"资源量"称之为"储量"。

11.4.6.3 预测地质储量

当圈闭被钻井证实含油之后，紧接着就要评价圈闭的大小，并计算其储量。此时对圈闭大小、含油边界、含油面积等参数还不确定，只能进行大致预测。此时得到的储量为预测地质储量。

11.4.6.4 控制地质储量

在预测地质储量的基础上，经过进一步钻探评价井，圈闭的含油面积和储层物性等参数得到了进一步落实。虽然油藏的确切含油面积还不完全清楚，但圈闭的含油范围已基本被探井控制。此时得到的储量称为控制地质储量。

11.4.6.5 探明地质储量

在控制地质储量的基础上，再经过进一步钻探和详细评价，不仅圈闭的构造情况得到了落实，地层流体分布和其性质也基本明确，油藏产能大小也已知晓，此时计算的储量为探明地质储量。

11.4.6.6 开发地质储量

在探明地质储量的基础上，对油藏开发做出设计，带所有开发井完钻，整个油藏投入开发之后，将得到更详细的地质资料，发现油藏构造形态、储层结构、流体分布在空间上的差异。此时，有必要对储量进行进一步核实，得到开发地质储量。开发地质储量的数值是极为可靠的，也是最高级别的地质储量。

上述 11.4.6 节内容参考：李传亮《油藏工程原理》. 北京：石油工业出版社，2005。

11.5　思考与练习

Q11.1 解释总资源量，技术可采资源量和经济可采资源量之间的关系。

Q11.2 下表展示了储层在项目实施阶段的敏感性分析结果，此储层储量的最佳估算值为 100×10^6 bbl。使用本书提供的 Excel 表格和以下数据画出龙卷风图，并预测 1P、2P 和 3P 储量。

基本情况储量（10^6 bbl）

	P90	P10
地震 GRV	56	115
岩石物理学	87	125
断层	95	110
K_v / K_h	92	108
各向异性	88	100
PVT	93	103

Q11.3 解释蒙特卡洛分析的原理。

11.6 拓展阅读

Guidelines for application of the petroleum resource management system (PRMS), SPE, 2007 (online).

R. Wheaton, C. Coll, Reserves Estimations Under New Sec 2009 When Using Probabilistic Methods, SPE131241, 2009.

Centre for Economics and Management (IFP School), Oil and Gas Exploration and Production (Reserves, Costs, Contracts), Editions Technip, 2007.

附录 A 流体热力学基础

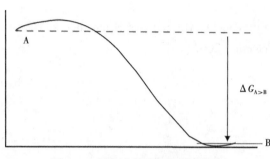

图 A.1 混合过程的吉布斯自由能

一个系统可以因为如下一个或两个原因而发生自发的变化：

（1）能量最小化。

（2）熵最大化。

吉布斯自由能是衡量上述这些因素和其他任何发生变化的指标。在恒定的外部压力 p 下，自由能的变化（ΔG），告诉我们这种变化是否会自发发生（图 A.1）。

$$\Delta G = \Delta E + p\Delta V - T\Delta S \qquad (A.1)$$

式中：ΔG 为吉布斯自由能的变化量；ΔE 为内能的变化量；ΔV 为体积的变化量；ΔS 为熵的变化量。

A.1 混合过程的吉布斯自由能

如果 ΔG 是负数（由于 ΔE 为负值或 ΔS 为正值，或两者都存在而引起），状态改变将自发发生。

考虑多种组分的混合过程。比如研究一个简单的双双组份系统：

$$\Delta G^{mixing} = \Delta E^{mixing} + p\Delta V - T\Delta S^{mixing} \qquad (A.2)$$

A.2 混合过程的熵

ΔS^{mixing} 永远是正的。

熵取决于分子可能的"排列"的数量，并且在混合物中它总是多于独立相中，因此混合过程总是会由熵效应引起，主要原因是发生混合 ΔG^{mixing} 等式中的第三项为负。图 A.2（b）显示双组分混合物混合过程的熵的变化。

A.3 混合过程的内能

对于双组分混合物，如果组分 1 和组分 2 分子间的引力小于分子 1 之间和分子 2 之间吸引力的平均值，那么 ΔE^{mixing} 对所有混合物都是正的［图 A.2（b）］。

A.4 混合过程吉布斯自由能（合并项）

$$\Delta E^{\text{mixing}} = \Delta E^{\text{mixing}} + p\Delta V - T\Delta S^{\text{mixing}} \qquad (\text{A.3})$$

结合熵和内部能量效应将因此通过分裂成共存的相 α 和 β 的能量而减少自由能，如图 A.2（c）所示。

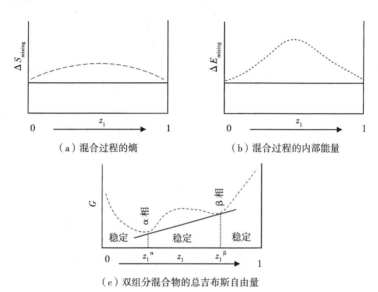

（a）混合过程的熵　　　　　（b）混合过程的内部能量

（c）双组分混合物的总吉布斯自由量

图 A.2　双组分混合物的吉布斯自由能

组分 1 和组分 2 的混合物，其组分比例为（Z_1，Z_2），在 Z_1^{α} 和 Z_1^{β} 之间不稳定，并会因分裂为两相 α 和 β 而失去自由能，在这两相中组分的含量分别为（Z_1^{α}，Z_1^{α}）和（Z_1^{β}，Z_1^{β}）。当混合物的组分比例位于 $0 < Z_1 < Z_1^{\alpha}$ 区间和 $Z_1^{\beta} < Z_1 < 1$ 区间时，将是热力学稳定的阶段，并不会分裂为两相。

不论是在纯组分还是在混合物的情况下，系统的压力和温度的变化将改变分子的排列。正是由于这种原因，混合能变化 ΔG^{mixing} 以及自由能，两者皆为（Z_1，Z_2）的函数，都将随压力和温度的变化而变化。

A.5 双组分混合物的相分离

对于一组不同的压力，混合过程中吉布斯自由能的变化（图 A.3 中的灰色虚线表示）显示了原本碳氢化合物混合物中常见的两相包络线。

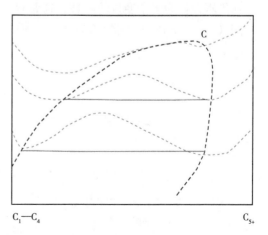

图 A.3　双组分混合物的相稳定性与成分和压力

153

附录 B　数学符号释义

数学微积分的使用在有意保持在最低限度。在大多数情况下，书中必要的地方都试图解释文中各项的含义。这些方程式并不受一些学生的欢迎，但它们是油藏动态描述的基础，是对所涉及的物理关系的准确、简明的表达。因此，有必要在这里给出本书以及其他类似书目中用到的数学运算符的重要性。

将压力（p）作为单个变量的函数，这个变量通常是距离（x），那么 x 点（即该处 Δx 趋近与 0）的梯度（或斜率）是 $\mathrm{d}p/\mathrm{d}x$，如图 B.1 中的图所示。达西法则就是这种情况，通过多孔介质的流速与压力在位移上的变化率（梯度）成正比。

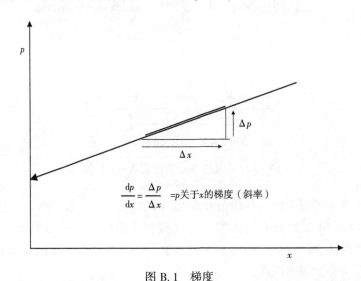

$$\frac{\mathrm{d}p}{\mathrm{d}x} = \frac{\Delta p}{\Delta x} = p \text{关于} x \text{的梯度（斜率）}$$

图 B.1　梯度

如果压力作为多个变量的函数，通常这些参数包括距离和时间（x 和 t）或方向距离和时间（x，y，z 和 t），那么存在压力的所谓偏导数，如图 B.2 中的例子，其中压力作为

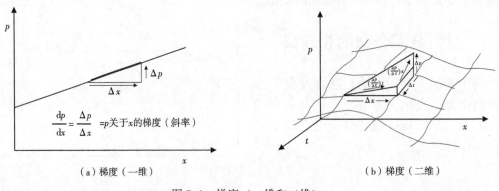

（a）梯度（一维）　　　　　　　（b）梯度（二维）

图 B.2　梯度（一维和二维）

距离和时间的函数，在二维平面上表示出来。在 (x, t) 处保持时间为常数，压力关于距离 (x) 的偏导数则计为 $\left(\dfrac{\partial p}{\partial x}\right)_t$。类似，保持距离 x 不变，压力关于时间的偏导数则写作 $\left(\dfrac{\partial p}{\partial x}\right)_x$。$\left(\dfrac{\partial p}{\partial x}\right)_t$ 也通常写作 $\dfrac{\partial p}{\partial x}$。这些在试井分析的方程中比较常见，也出现在密度的偏导数 $\dfrac{\partial \rho}{\partial x}$ 中。

当考虑三维坐标中的达西定律时，使用所谓的"grad"（梯度）符号，它包含了各个方向的部分：

$$\nabla = \frac{\partial}{\partial x}\, \boldsymbol{i} + \frac{\partial}{\partial y}\, \boldsymbol{j} + \frac{\partial}{\partial z}\, \boldsymbol{k} \qquad (\text{B.1})$$

所以在达西法律中：

$$\nabla p = \frac{\partial p}{\partial x}\, \boldsymbol{i} + \frac{\partial p}{\partial y}\, \boldsymbol{j} + \frac{\partial p}{\partial z}\, \boldsymbol{k} \qquad (\text{B.2})$$

成为一个在 x, y 和 z 方向上具有方向分量的向量，如图 B.3 所示。

因此，流速（对于水平系统）是具有方向分量的向量，其中：

$$\boldsymbol{u} = -\frac{k}{\mu}\, \nabla p \qquad (\text{B.3})$$

或

$$\boldsymbol{u} = -\frac{k}{\mu}\left(\frac{\partial p}{\partial x}\, \boldsymbol{i} + \frac{\partial p}{\partial y}\, \boldsymbol{j} + \frac{\partial p}{\partial z}\, \boldsymbol{k}\right) \qquad (\text{B.4})$$

在质量守恒方程中：

$$\nabla \cdot (\rho \boldsymbol{u}) + Q_{\text{well}} = -\frac{\partial(\phi\rho)}{\partial t} \qquad (\text{B.5})$$

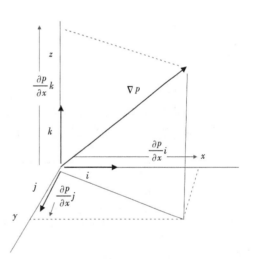

图 B.3　三维参考系

式中出现所谓的散度运算符 $(\nabla\cdot)$。这个运算符作用于一个矢量，这样 $\nabla \cdot a = \left(\dfrac{\partial a_x}{\partial x} + \dfrac{\partial a_y}{\partial x} + \dfrac{\partial a_x}{\partial x}\right)$。因此，我们有一个运算符代表从三个方向（$x$, y 和 z）流入单元体积的质量流量。

附录 C 气井试井

在无法假设不可压缩流体的情况下，求解基本方程得到关于气体的结果：

$$m(p_{\mathrm{w}}) = m(p_{\mathrm{i}}) - \frac{qT}{Kh}\left[\ln\left(\frac{Kt}{\phi\mu cr_{\mathrm{w}}^2}\right) + 0.80907\right] \qquad (\text{C.1})$$

其中 $m(p)$ 是替换实际压力的拟压力函数：

$$m(p) = 2\int_{p_{\mathrm{b}}}^{p}\frac{p\mathrm{d}p}{\mu Z} \qquad (\text{C.2})$$

这里 p_{b} 是参考压力，因此

$$m(p_{\mathrm{w}}) - m(p_{\mathrm{i}}) = 2\int_{p_0}^{p}\frac{p\mathrm{d}p}{\mu Z} \qquad (\text{C.3})$$

$p\mathrm{w}(t)$ 为时间 t 时在井筒内的压力；p_{i} 为初始油藏压力；Z 为气体压缩系数；p_{w} 为井筒压力，因此气体的拟压力变化是基于（$p/\mu Z$）的函数。

对于典型的气体，其关系如图 C.1 所示。

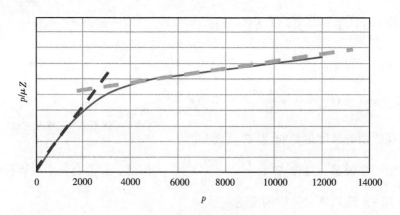

图 C.1 压力函数

因此存在较大的压力区域中 $p/\mu Z$ 与压力的关系基本上是线性的。如果研究的压力值处于这个范围之中，梯度将是端点的平均值 $\mu Z(p\text{-}p\mathrm{w})/2$，因此

$$\int_{p_1}^{p_{\mathrm{w}}}\frac{p\mathrm{d}p}{\mu Z} = \frac{1}{2\mu Z}(p + p_{\mathrm{w}})\int_{p_{\mathrm{w}}}^{p}p\mathrm{d}p = \frac{1}{2\mu Z}(p^2 - p_{\mathrm{w}}^2) \qquad (\text{C.4})$$

这是一种常用的简化，同时可以给出压力瞬态变化在现场单位制中的方程：

156

$$p(r, t)^2 = p_\mathrm{i}^2 - \frac{1637qZT\mu}{Kh}\left[\lg\left(\frac{Kt}{\phi\mu cr^2}\right) - 3.23\right] \tag{C.5}$$

对于更高压力范围，另一种可行的简化是假设在这种情况下，$p/\mu Z$ 在所考虑的范围内为常数，也就得到了等效于油藏压力变化的瞬态方程，即

$$\int_{p1}^{p_\mathrm{w}} \frac{p\mathrm{d}p}{\mu Z} = \frac{p}{\mu Z}(p_\mathrm{i} - p_\mathrm{w}) \tag{C.6}$$

附录 D 提高采收率

前面的内容已经提到油藏的采收率通常为 20%~60%，而其中较高的采收率通常为水驱开发所得（称为二次采收率）。因此，地层储量的 40%~80% 仍然留在油藏中，这主要是由于原油黏度较高（较重的油），残油饱和度较高（取决于油—水—岩石表面的界面张力）和波及面积较小。利用一些提高采收率的方法，称为三次采油，可以帮助克服上述问题。

D.1 注气开发

注入的气体可以是产出的气体，经过加工的或未经加工的，也可以是比如二氧化碳、氮气等气体，或者产出气体与二氧化碳的混合气体。

注气驱或气水交替驱是最被广泛使用的提高采收率方法。跟注水开发类似，注气可以较好地保持油藏压力，从而增加产能。注气开发可以提高波及效率，特别是起伏较高的地层中重力驱油效果显著的情况，即将气体在较高的部位注入油藏可以帮助将原油驱替至较低位置的井筒周围。气水交替驱可以在波及面积上提供更多的控制。原油的膨胀和原油轻质组分的挥发都可以帮助提高采收率。

注气过程可以分为混相和非混相两类。混相气驱（注入气体与原油达到混相或部分混相）可以降低原油黏度，降低油—气界面张力，改变润湿性，从而降低残余油饱和度。

D.2 混相溶剂——表面活性剂

注入表面活性剂可以降低油—水界面张力，从而降低残油饱和度，提高采收率。

表面活性剂驱油技术通常使用单独注入井和生产井来提高采收率。主要通过降低界面张力和毛细管力，增加接触角，降低残余油饱和度。

表面活性剂是由两种不同分子组成的化学结构，两亲有机化合物，即具有亲水基团和疏水基团。这些基团分散到油相和水相之间并降低界面张力。在油湿储层，表面活性剂增加接触角，使得系统中的水驱替油滴，从而流向生产井。

D.3 热力方法

常见的提高采收率的热力采油方法有两种：蒸汽驱和火烧油藏。

蒸汽驱开发中注入热蒸汽加热原油，降低原油黏度，使部分轻质组分挥发，从而降低了流动比率。

火烧油藏过程包括注入空气，随后点火和燃烧储层。随着储层的燃烧，火驱前缘向生产方向移动，在此过程中加热原油并降低其黏度。

D.4　经济学

所有这些提高采收率的方法都增加了开发原油的成本。在考虑项目中任何提高原油采收率的可行性时，需要考虑诸如表面活性剂或二氧化碳等注入剂的成本。通常利用涵盖以上所有提高采收率方法数值模拟器的方法进行模拟。

D.5　拓展阅读

L. Lake，R. Johns，B. Rossen，G. Pope，Fundamentals of Enhanced Oil Recovery，SPE，2014.

附录 E 物质平衡方程中采油速度的时间函数

确定生产速度 q 作为时间的函数需要利用 Darcy 方程:

$$q = \frac{Kh(p - p_{\mathrm{w}})}{141.2\mu\ln\left(\dfrac{r_{\mathrm{e}}}{r_{\mathrm{w}}}\right)} \qquad (\mathrm{E.1})$$

和物质平衡方程。如果忽视气体或水的注入以及岩石和水膨胀效应,通过物质平衡方程可以得到

$$\Delta N = N[(B_{\mathrm{o}} - B_{\mathrm{oi}}) + (R_{\mathrm{si}} - R_{\mathrm{s}})B_{\mathrm{g}}] \qquad (\mathrm{E.2})$$

假设如下简单线性关系:

对于 $p > p_{\mathrm{b}}$

$$\begin{aligned} B_{\mathrm{o}} &= m_1(p_{\mathrm{b}} - p) + B_{\mathrm{o}}(p_{\mathrm{b}}) \\ R_{\mathrm{s}} &= R_{\mathrm{si}} \end{aligned} \qquad (\mathrm{E.3})$$

对于 $p > p_{\mathrm{b}}$

$$\begin{aligned} B_{\mathrm{o}} &= m_2(p - p_{\mathrm{b}}) + B_{\mathrm{o}}(p_{\mathrm{b}}) \\ R_{\mathrm{s}} &= m_3(p - p_{\mathrm{b}}) + R_{\mathrm{si}} \end{aligned} \qquad (\mathrm{E.4})$$

对于气体:

$$B_{\mathrm{g}} = n_1/p = 5.044/(pZT) \qquad (\mathrm{E.5})$$

当 $p > p_{\mathrm{b}}$:

$$\begin{aligned} \sum(q\Delta t) = \Delta N &= N(B_0 - B_{\mathrm{oi}}) \\ &= N\big\{[m_1(p_{\mathrm{b}} - p) + B_{\mathrm{o}}(p_{\mathrm{b}})] - B_{\mathrm{oi}}\big\} \end{aligned} \qquad (\mathrm{E.6})$$

$$Nm_1(p_{\mathrm{b}} - p) = \sum(q\Delta t) - NB_{\mathrm{o}}(p_{\mathrm{b}}) + NB_{\mathrm{oi}} \qquad (\mathrm{E.7})$$

$$Nm_1 p = Nm_1 p_{\mathrm{b}} - \sum(q\Delta t) + NB_{\mathrm{o}}(p_{\mathrm{b}}) - NB_{\mathrm{oi}} \qquad (\mathrm{E.8})$$

$$p = \big[Nm_1 p_{\mathrm{b}} - \sum(q\Delta t) + NB_{\mathrm{o}}(p_{\mathrm{b}}) - NB_{\mathrm{oi}}\big]/Nm_1 \qquad (\mathrm{E.9})$$

且当 $p < p_{\mathrm{b}}$:

$$\sum(q\Delta t) = \Delta N = N[(B_{\mathrm{o}} - B_{\mathrm{oi}}) + (R_{\mathrm{si}} - R_{\mathrm{s}})B_{\mathrm{g}}] \qquad (\mathrm{E.10})$$

$$\sum(q\Delta t) = N\big\{[m_2(p - p_{\mathrm{b}}) + B_{\mathrm{o}}(p_{\mathrm{b}})] - B_{\mathrm{oi}} + [R_{\mathrm{si}} - m_3(p - p_{\mathrm{b}}) - R_{\mathrm{si}}]n_1/p\big\} \qquad (\mathrm{E.11})$$

$$\sum (q\Delta t) = N\{[m_2(p - p_b) + B_o(p_b)] - B_{oi} - m_3(p - p_b)n_1/p\} \qquad (\text{E}.12)$$

$$p\sum (q\Delta t)/N = m_2 p^2 - m_2 p_b p + [B_o(p_b) - B_{oi}]p - m_3 n_1 p + m_3 n_1 p_b \qquad (\text{E}.13)$$

因此

$$m_2 p^2 + [B_o(p_b) - B_{oi} - m_3 n_1 + m_2 p_b - \sum (q\Delta t)/N]p + m_3 n_1 p_b = 0 \qquad (\text{E}.14)$$

我们可以写为

$$qp^2 + bp + c = 0 \qquad (\text{E}.15)$$

其中

$$a = m_2 b = [B_0(p_b) - B_{oi} - m_3 n_1 + m_2 p_b - \sum (q\Delta t)/N] \qquad (\text{E}.16)$$
$$c = m_3 n_1 p_b$$

$$p = \frac{-b + \sqrt{b^2 - 4ac}}{2a} \qquad (\text{E}.17)$$

因此，可以求解 p（$t+\Delta t$）作为 $\sum [q(t)\Delta t]$ 的函数和压力 $p(t)$ 下的各种黑油模型中的参数。

溶液气体驱动器假设所有产生的气体保留在储集层内，或者形成膨胀的气体气泡，或者形成气顶（图 E.1）。

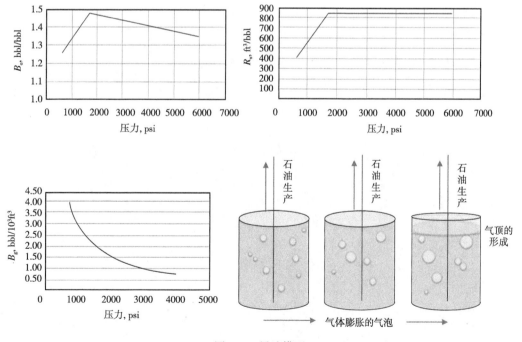

图 E.1　黑油模型

附录 F 单位转换系数

参数	单位	SI 单位	单位转换
长度	ft	m	0.3048
面积	ft^2	m^2	0.0920304
	acre	km^2	4.046873×10^{-3}
体积	bbl	m^3	1.589873×10^{-1}
	acre ft	m^3	1.233482×10^3
	ft^3	m^3	2.831685×10^{-2}
质量	lb	kg	4.535924×10^{-1}
温度梯度	$°F/ft$	K/m	1.822689
压力	psi	bar	0.06894757
密度	lb/ft^3	kg/m^3	1.601848×10^{-1}
黏度	cP	Pa·s	1.0×10^{-3}
渗透率	mD	μm^2	9.869233×10^{-4}
速度	$bbl/(d \cdot ft^2)$	m/s	1.9994×10^{-5}

附录 G　课后习题参考答案

课后习题中定义/解释类型的问题可以通过参考相关章节的正文找到答案。计算类问题的参考答案将在章节下面给出。

Q2.9 由前述内容可知

$$Q = \frac{KA(p_1 - p_2)}{\mu x}$$

$$K = \mu x \frac{Q}{A(p_1 - p_2)}$$

已知 $\mu = 2\text{cP}$, $x = 10\text{cm}$, $A = 12.5\text{cm}^2$, $(p_1 - p_2) = 50/14.7\text{atm}$, $Q = 0.05\text{cm}^3/\text{s}$:

$$K = 2 \times 10 \times 0.05/(12.5 \times 50/14.7) = 23.5\text{mD}$$

Q2.10 由前述内容可知

$$Q = \frac{KA(p_1^2 - p_2^2)}{2\mu x}$$

$$K = Z/\mu x \frac{Q}{A(p_1^1 - p_2^2)}$$

$$K = 2 \times 0.0178 \times 8 \times 23.6/(9.14 \times 12.5) = 145\text{mD}$$

Q3.3 从电子表格计算可得

$$渗透率\ K = 66\text{mD}$$

Q3.4 从电子表格计算可得

$$渗透率\ K = 25\text{mD}$$

Q4.1

$$\Delta N = \frac{\left\{ N[(B_0 - B_{oi}) + (R_i - R_s)B_g + \Delta p B_{oi}(c_w S_{wi} + c_f)/(1 - S_{wi})] + W_f \right\}}{[B_o + (R_p - R_s)B_g]}$$

式中：N 为原油地质储量，bbl；ΔN 为采出原油量，bbl；B_{oi} 为初始原油地层系数，bbl/bbl；R_{si} 原始溶解气油比，ft^3/bbl；R_s 为某一压力下的溶解气油比 ft^3/bbl；R_p 累计采出的溶解气油比，ft^3/bbl；B_g 为气体地层系数，bbl/ft^3。

$$\Delta N = 200 \times \frac{(1.278 - 1.467) + (838 - 464) \times 0.004}{[1.278 + (800 - 464) \times 0.004]} = 99.7\text{bbl}$$

$$采收率 = \Delta N/N = 99.7/200 = 50\%$$

Q4.2

$$\Delta V^o = V_i^o \left(1 - \frac{pZ_i}{Zp_i}\right)$$

163

$$\Delta V^\circ = 200 \times (1 - 1000 \times 0.86 / 3000 \times 0.8) = 128 \times 10^9 \text{ft}^3$$

Q4.3 水驱前缘突破时的含水饱和度 = 53%。

水驱前缘突破上游的含水饱和度 = 65%。

水驱前缘突破时采收率 = 65% - 20% = 45%。

Q4.5 水驱前缘突破时的含水饱和度 = 45%。

水驱前缘突破上游的含水饱和度 = 55%。

Q4.7 储量 = $16.94 \times 10^9 \text{ft}^3$；$R_F = 69\%$。

Q4.8 气量 = $16.94 \times 10^9 \text{ft}^3$；$R_F = 69\%$。

流体储量 = $1.41 \times 10^6 \text{bbl}$；$R_F = 69\%$。

Q4.9 可回收油 = $19.75 \times 10^6 \text{bbl}$。

可回收气 = $11.77 \times 10^9 \text{ft}^3$。

采收率 = 55.7%。

Q6.1

$$N = 7758 A h_v \phi (1 - S_w) / B_{oi}$$

$$A = 2400 \text{ acre}$$

$$h_v = 0.9 \times 200$$

$$\phi = 0.15$$

$$S_w = 0.20$$

$$B_{oi} = 1.48 \text{bbl/bbl}$$

$$N = 7758 \times 2400 \times (0.9 \times 200) \times 0.15 \times (1 - 0.2) / 1.48 = 272.68 \text{mmbbl}$$

Q6.2

$$G = 7758 A h_v \phi (1 - S_w) / B_{gi}$$

$$B_g = 0.0283 TZ / p \text{ (bbl/ft}^3)$$

$$G = 7758 \times 2400 \times (0.8 \times 200) \times 0.12 \times (1 - 0.2) / 0.0046 = 62.17 \times 10^9 \text{ft}^3$$

Q7.2 从电子表格得到：NPV（10）= 22.74 亿美元，$PI = 1.79$，$RROR = 53\%$。

折现率为 6%，NPV（6）= 30.52 亿美元，$PI = 2.32$。

油价为 80 美元/桶，NPV（10）= 16.58 亿美元，$PI = 1.31$。

如果设施成本为 18 亿美元，NPV（10）= 19.6 亿美元，$PI = 1.21$。

Q7.3 从电子表格得到：NPV（10）= 18.04 亿美元，$PI = 1.25$，$RROR = 42\%$。

贴现率为 6%，NPV（6）= 25.5 亿美元，$PI = 1.63$。

天然气价为 8 美元/10^6ft^3，NPV（10）= 12.44 亿美元，$PI = 0.82$。

如果设施成本为 22 亿美元，NPV（10）= 14.04 亿美元，$PI = 0.69$。

Q7.4

P90NPV（10）= 16.38 亿美元，P50NPV（10）= 20.96 亿美元

假设 P90 的概率为 25%，P50 的概率为 50%，P10 概率为 25%，则

EMV（10）= $0.25 \times 1.638 + 0.5 \times 1.962 + 0.25 \times 2.096 = 19.15$ 亿美元

Q8.2

NPV（10） 单位：10^9 美元

最大率	$30×10^3$bbl/d	$40×10^3$bbl/d	$50×10^3$bbl/d	$60×10^3$bbl/d	$70×10^3$bbl/d	$80×10^3$bbl/d	$90×10^3$bbl/d
3 口井/a 超过 4 年	2.64	2.91	3.01	3.06	2.59	—	—
6 口井/a 超过 2 年	2.4	2.65	2.83	2.65	2.27	2.04	1.89
12 口井/a 超过 1 年	2.51	2.86	3.13	2.67	2.47	2.32	2.22

在给定条件下的最佳开发都是 1 年钻 12 口井，速度上限为 $50×10^6$bbl/d，净现值（10）为 31.3 亿美元。

Q8.3

虽然最终储备相当，但此配置文件的 *NPV*（10）与 31.3 亿美元比较，现在为 28.2 亿美元。

Q8.4

在这些基础案例中存在明显的向下倾斜结果。

Q8.6

钻探新评价井的价值为 8.75 百万美元。

Q8.7

平均油藏厚度约为 150ft。

倾角（斜率）= 25°。

总岩石体积 $V_b ≈ 10000×2000×150ft^3 = 3×109ft^3 = 535×10^6$bbl（油藏）。

储层孔隙体积 = $535×0.15×0.8 = 64×10^6$bbl（油藏）。

烃类孔隙体积：

$$HCPV = V_b \phi（1-S_{wc}）= 535×0.15×0.8×（1-0.2）= 51×10^6 bbl（油藏）$$

提出了边缘线性驱替和四个成对的注采井。这对应于每个注采井组控制 $13×10^6$bbl（油藏）驱油区域。

我们假设注水速度为 6000bbl/d（与初始产油率相当）。

使用 Welge 切线方法，我们获得以下信息：

改变切线梯度以匹配分流量数据。倾角、地层宽度和厚度、相对密度、流速和渗透率都是输入参数。然后将季度石油生产率输入累计产油模型。

2.34 年后出现水突破：突破时的含水饱和度为 55%，而平均含水饱和度为 60%。

突破时的采收率为 40%，10 年后为 44%。可采收储量为 $5.61×10^6$bbl（油藏）或 $5.61/1.5 = 3.7×10^6$bbl（标准）。

如下表所示，稳产期产率和良好的稳产时间是变化的，结果输入经济指标电子表格以优化 *NPV*(10)。

开发选项 *NPV*10

井时间 （钻井之间的时间）	不同稳产期产率 10^6 美元 bbl/d 对应的 *NPV*10			
	$6.00×10^3$ bbl/d	$8.00×10^3$ bbl/d	$10.00×10^3$ bbl/d	$12.00×10^3$ bbl/d
三个月	487	539	525	439
六个月	558	616	641	555
一年	581	627	632	607
两年	447	446	—	—

Q9.5

$R = 4.36×10^{-5} Ah_v \rho_c G_c (1-A_c-W_c) R_F$ 气体储量 $= 219×10^9 ft^3$，采收率 $=59\%$。

可采气体 $= 129×10^9 ft^3$。

每井采收量 $= 129/30 = 4.3×10^9 ft^3$/井。

Q9.6 盈亏平衡汽油价格 $= 4.50$ 美元。

Q10.2

1P 储量 $= (100-44) = 56×10^6$ bbl。

2P 储量 $= 100×10^6$ bbl。

3P 储量 $= (100-25) = 75×10^6$ bbl。

附录 H 专业术语

A——面积，ft^2 或 acre（m^2）；

b——Arp's 方程参数，无量纲；

B_g——气体体积系数，bbl/ft^3 或 m^3/m^3；

B_o——原油体积系数，bbl（油藏）/bbl（标准）或 m^3/m^3；

B_{oi}——初始原油体积系数，bbl（标准）/bbl 或 m^3/m^3；

C_r——岩石可压缩系数，psi^{-1} 或 kPa^{-1}；

C_w——水可压缩系数，psi^{-1} 或 kPa^{-1}；

d——孔隙空间特征长度，m；

D_0——Arp's 方程参数，a^{-1}；

f_w——水的采收率，无量纲；

g——引力常数，m/s^2；

G——气体原始储量，m^3；

K——渗透率，mD 或 m^2；

K_e——有效渗透率，无量纲；

$K_{r\alpha}$——相 α 的相对渗透率；

K_G——几何常数，无量纲；

n——初始物质的量；

N——原油储量，bbl 或 m^3；

P——压力，psi 或 kPa；

P_{cow}——油水毛细管压力，psi 或 kPa；

P_o——油压，psi 或 kPa；

P_w——水压，psi 或 kPa；

P_c——临界压力，psi 或 kPa；

P_i——结果概率，无量纲；

q——流量，bbl/d 或 m^3/d；

q_o——初始流量，bbl/d 或 m^3/d；

r_D——折现率，分数；

r_w——井筒半径，ft 或 m；

R——气体常数，$psi \cdot ft^3 \cdot mol^{-1} \cdot {}^\circ R^{-1}$；

R_p——累计产气油比，ft^3/bbl 或 m^3/m^3；

R_s——溶解气油比，ft^3/bbl 或 m^3/m^3；

R_{si}——初始溶解气油比，ft^3/bbl 或 m^3/m^3；

S_w——含水饱和度，无量纲；

S_o——含油饱和度，无量纲；

S_g——含气饱和度，无量纲；

t——时间，a 或 d；

T——温度，°R 或 K；

T_c——临界温度，°R 或 K；

u——流速，bbl/（d·ft^2）；

u_α——相 α 流速，bbl/（d·ft^2）；

V_o——原油体积，bbl 或 m^3；

V_g——气体体积，10^9ft^3 或 m^3；

V_p——孔隙体积，bbl 或 m^3；

V_b——总体积；

V_m——岩石基质体积；

x——笛卡尔 x 坐标轴，m；

y——笛卡尔 y 坐标轴，m；

z——笛卡尔 z 坐标轴，m；

Z——气体压缩因子，无量纲；

ϕ——孔隙度，无量纲；

ψ_s——压力张量；

ρ——密度，kg/m^3；

ρ_o——油密度，kg/m^3；

ρ_w——水密度，kg/m^3；

μ_α——相 α 黏度，cP 或 mPa·s；

α——水平距离的角度，rad；

γ_α——相 α 相对密度，无量纲；

σ_{os}——原油与固体之间的界面张力，psi/ft；

σ_{ws}——水与固体之间的界面张力，psi/ft；

σ_{ow}——油和水之间的界面张力，psi/ft；

θ——油水接触角度测量，rad；

ρ_α——相 α 密度，kg/m^3。

附录 I 相关 Excel 表格

（1）经济指标。

该电子表格用于计算经济指标：净现值、利润与投资差、实际回报率。输入参数为石油和天然气产量、井和设施成本以及年度运营支出，假定的石油和天然气价格，以及假定的贴现率、通货膨胀税率和税率。

电子表格：

economic indicators（经济指标）。

（2）累计产量。

这些电子表格的输入参数为单井产量（从单井数值模型或其他电子表格中获得）和开井投产数据，输出参数为本区域估算的产能曲线。在实际生产中，为获得最优产能，通常会设定单井产量的上限。此表格输出的年产量可被应用于经济指标计算。

电子表格：

aggregation-oil（累计产气）。

aggregation-gas（累计产油）。

（3）测井分析。

电子表格用简单的试井分析——压力下降和压力恢复确定储层渗透率。

电子表格：

welltest analysis-drawdown（试井分析—压降测试）。

Horner plot（Horner 曲线）

（4）经验性递减曲线。

这些电子表格用于使用 Arp 给出经验下降曲线，Arp 方程的输入参数为初始生产率，初始递减率和递减指数。输出参数是产量、累计产量与时间的关系。

电子表格：

Arp's equation（gas）［Arp 方程（气）］。

Arp's equation（oil）-zz［Arp 方程（油）］。

（5）水驱。

此电子表格使用 Buckley—Leverett 和 Welge 切线方法预测的生产动态，油井见水时的含水饱和度、突破所需时间以及水驱的采收率。

（6）物质平衡。

这些电子表格使用简单的单元数值计算，在正文中用于估算干气、湿气、凝析气和欠饱和油田的产量。

电子表格：

gas decline（天然气衰竭式开发）。

solution gas drive-zz（溶解气驱动）。

gas condensate decline（凝析油气藏递减）。

（7）储层特性。

这些电子表格使用经验或半经验公式来生成表格和曲线图（饱和度、压力、体积、温度）。它们旨在作为学生检查公式的工具，用于未给定实验室测量数据的数值模拟中。

电子表格：

relative permeabilityand capillary pressure（相对渗透率和毛细管压力）。

black oil properties（黑油模型物性参数）。

所有电子表格都有一个自述文件"read me"，其中概述了如何使用电子表格。电子表格旨在用于学生练习而不是工业/商业用途，不能保证电子表格不会有问题或错误。

附录 J　行业术语

下面按首字母顺序给出了一些常见的行业术语中英文对照：

Adsorption　吸附，不同于吸收，吸附是指在液体或气体表面生成一层原子或分子的现象。

Blowdown　衰竭开发过程，指具有气顶的油藏压力逐渐下降的过程，有时也用于凝析气田开发干气的循环注气过程。

CAPEX　资本支出。

CBM　煤层甲烷，是煤层气的另一个名称。

Downhole　井下或井底。

Drainage process　排水过程，指润湿相流体减少的过程。

Fingering　指进，指油层中水或气体的不均匀前进。

Geomechanical　储层岩石的力学性质。

GIIP　气体原始地质储量。

Hysteresis　滞后效应，取决于多孔介质的性能。

Imbibition process　渗析或吸入过程，指润湿相流体增加的驱替过程。

OPEX　运营支出。

Poroperm　孔隙度—渗透率岩石属性。

Propant　支撑剂，压裂后注入的固体材料，进入裂缝（特别是页岩）支撑裂缝张开。

PVT　压力、体积、温度关系。

RFT　重复地层测试。

STOIIP　初始原油地质储量。

Ternary diagrams　三元相图，用于三相系统的图。

Tophole　上部井眼。

Wireline　电缆，一种下入井底的工具。

附录 H　单位换算表

$1\ in = 2.540 \times 10^{-2}\ m$

$1\ ft = 3.048 \times 10^{-1}\ m$

$1\ mile = 1.609 \times 10^{3}\ m$

$1\ in^2 = 6.452 \times 10^{-4}\ m^2$

$1\ ft^2 = 9.290 \times 10^{-2}\ m^2$

$1\ mile^2 = 2.590 \times 10^{6}\ m^2$

$1\ in^3 = 1.639 \times 10^{-5}\ m^3$

$1\ ft^3 = 2.832 \times 10^{-2}\ m^3$

$1\ uk\ gal\ （英制）= 4.546 \times 10^{-3}\ m^3$

$1\ us\ gal\ （美制）= 3.785 \times 10^{-3}\ m^3$

$1\ bbl = 1.590 \times 10^{-1}\ m^3$

$1\ lb = 4.536 \times 10^{-1}\ kg$

$1\ atm = 1.013 \times 10^{5}\ Pa$

$1\ Psi = 6.895 \times 10^{3}\ Pa$

$1\ bar = 1.000 \times 10^{5}\ Pa$

$1\ cP = 1.000 \times 10^{-3}\ Pa \cdot s$

$°API = 141.5/\gamma_{60} - 131.5$，$\gamma_{60}$：水在 60℉ 下的密度，单位 kg/m^3

$℉ = 32 + 1.8 \times ℃$

$1\ D = 9.869 \times 10^{-13}\ m^2$

$1\ mD = 10^{-3}\ D$

$1\ stb/day = 1.840 \times 10^{-6}\ m^3/s$

$1\ Mscf/day = 3.832 \times 10^{-2}\ m^3/day$